Harish K. Arya
Dilshad Ali

# Soldadura GMAW de ligas de alumínio

Harish K. Arya
Dilshad Ali

# Soldadura GMAW de ligas de alumínio

ScienciaScripts

**Imprint**

Any brand names and product names mentioned in this book are subject to trademark, brand or patent protection and are trademarks or registered trademarks of their respective holders. The use of brand names, product names, common names, trade names, product descriptions etc. even without a particular marking in this work is in no way to be construed to mean that such names may be regarded as unrestricted in respect of trademark and brand protection legislation and could thus be used by anyone.

Cover image: www.ingimage.com

This book is a translation from the original published under ISBN 978-3-659-80133-4.

Publisher:
Sciencia Scripts
is a trademark of
Dodo Books Indian Ocean Ltd. and OmniScriptum S.R.L publishing group

120 High Road, East Finchley, London, N2 9ED, United Kingdom
Str. Armeneasca 28/1, office 1, Chisinau MD-2012, Republic of Moldova, Europe
Printed at: see last page
ISBN: 978-620-8-06137-1

# Conteúdo

# CAPÍTULO 1.

## INTRODUÇÃO

### 1.1 Definição de soldadura

A soldadura é a técnica de fabrico mais utilizada em toda a indústria, devido à sua capacidade de proporcionar uniões económicas e de elevada resistência, para além de permitir um menor peso através de uma melhor utilização dos materiais e de oferecer flexibilidade de conceção, quando utilizada para a união de metais [1]. A soldadura é um processo de união permanente de dois materiais (geralmente metais) através da coalescência localizada resultante de uma combinação adequada de temperatura, pressão e condições metalúrgicas. Dependendo da combinação de temperatura e pressão, desde uma alta temperatura sem pressão até uma alta pressão com baixa temperatura, foi desenvolvida uma vasta gama de processos de soldadura.

### 1.2 Aplicação da soldadura

i. A soldadura encontra as suas aplicações na indústria automóvel e na construção de edifícios, pontes e navios, submarinos, vasos de pressão, estruturas offshore, tanques de armazenamento, oleodutos, gasodutos e condutas de água, vigas, estruturas de prensas e turbinas hidráulicas .

ii. Na ampliação dos edifícios do hospital, onde o ruído de construção deve ser mínimo, o valor da soldadura é significativo.

iii.O rápido progresso na exploração do espaço tem sido possível graças a novos métodos de soldadura e ao conhecimento da metalurgia da soldadura. A indústria aeronáutica não pode satisfazer a enorme procura de aviões, aviões de combate e guiados, naves espaciais, foguetões e mísseis sem soldadura.

iv.O processo é utilizado em aplicações críticas, como o fabrico de câmaras de fissão de centrais nucleares.

v. Uma grande contribuição da soldadura para a sociedade é o fabrico de produtos domésticos como frigoríficos, armários de cozinha, máquinas de lavar louça e outros artigos semelhantes.

Encontra aplicações no fabrico e reparação de máquinas agrícolas, mineiras e petrolíferas, máquinas-ferramentas, gabaritos e acessórios, caldeiras, fornos, carruagens e vagões ferroviários, correntes de ancoragem, máquinas de movimentação de terras, navios, submarinos, construção e reparação subaquáticas.

### 1.3 Seleção do processo de soldadura

A soldadura é basicamente um processo de união. Idealmente, uma soldadura deve alcançar uma continuidade completa entre as partes que estão a ser unidas, de modo a que a junta seja indistinguível do metal em que a junta é feita. Esta situação ideal é inatingível, mas as soldaduras que proporcionam um serviço satisfatório podem ser efectuadas de várias formas. A escolha de um determinado processo de soldadura dependerá dos seguintes factores.

1. Tipo de metal e suas caraterísticas metalúrgicas

2. Tipos de juntas, sua localização e posição de soldadura

3. Utilização final da junta

4. Custo de produção

5. Dimensão estrutural (massa)

6. Desempenho pretendido

7. Experiência e capacidades da mão de obra

8. Acessibilidade conjunta

9. Conceção conjunta

10.  Exatidão de montagem necessária

11.  Equipamento de soldadura disponível

12.  Sequência de trabalho

13.  Competência de soldador

## 1.4  Qualidade e desempenho da soldadura

A soldadura é uma das principais actividades no fabrico moderno, na construção naval e na indústria offshore. O desempenho destas indústrias em termos de qualidade do produto, prazo de entrega e produtividade depende da conceção estrutural, do planeamento da produção, da tecnologia de soldadura adoptada e das medidas de controlo da distorção implementadas durante o fabrico. A qualidade da soldadura depende dos seguintes parâmetros:

1. Competência do soldador

2. Parâmetros de soldadura

3. Meio de proteção e

4. Ambiente de trabalho

5. Esquema de trabalho

6. Preparação do bordo da placa

7. Adaptação e alinhamento

8. Proteção contra ventos fortes durante a soldadura no local

9. Precisão dimensional

10.  Processos e procedimentos corretos

11.  Procedimentos adequados de controlo da distorção em vigor [2, 3, 4].

## 1.5  Fundo de alumínio

A existência do alumínio (Al) foi postulada por Sir Humphrey Davy na primeira década do século XIX e o metal foi isolado em 1825 por Hans Christian Oersted. Permaneceu como uma curiosidade de laboratório durante os 30 anos seguintes, quando se iniciou uma produção comercial limitada, mas só em 1886 é que a extração do alumínio do seu minério, a bauxite, se tornou um processo industrial verdadeiramente viável. O método de extração foi inventado simultaneamente por Paul Heroult, em França, e Charles M. Hall, nos EUA, e este processo básico ainda hoje é utilizado.

### 1.5.1 Caraterísticas do alumínio

O alumínio tem uma série de diferenças importantes entre o alumínio e o aço que influenciam o comportamento da soldadura:

1. A película de óxido no alumínio é durável, altamente tenaz e auto-regenerativa. Isto confere às ligas de alumínio uma excelente resistência à corrosão, permitindo-lhes ser utilizadas em aplicações expostas sem proteção adicional. Esta resistência à corrosão pode ser melhorada através da *anodização* - a formação de uma película de óxido com uma espessura controlada.

2. O coeficiente de expansão térmica do alumínio é aproximadamente o dobro do do aço, o que pode significar uma flambagem e distorção inaceitáveis durante a soldadura.

3. O coeficiente de condutividade térmica do alumínio é seis vezes superior ao do aço. O resultado deste facto é que a fonte de calor para soldar alumínio tem de ser muito mais intensa e concentrada do que para o aço. Isto é particularmente verdade para secções espessas, onde os processos de soldadura por fusão podem produzir defeitos de falta de fusão se o calor se perder muito rapidamente.

4. O calor específico do alumínio - a quantidade de calor necessária para aumentar a temperatura de uma substância - é duas vezes superior ao do aço.

5. O alumínio tem uma elevada condutividade eléctrica, apenas três quartos da do cobre, mas seis vezes a do aço. Esta é uma desvantagem na soldadura por pontos por resistência, em que o calor para a soldadura tem de ser produzido por resistência eléctrica.

6. O alumínio não muda de cor com o aumento da temperatura, ao contrário do aço. Isto pode tornar difícil para o soldador avaliar quando a fusão está prestes a ocorrer, tornando imperativo que a reciclagem adequada do soldador ocorra ao converter a soldadura de aço para alumínio.

7. O alumínio não é magnético, o que significa que o sopro do arco é eliminado como um problema de soldadura.

8. O alumínio tem um módulo de elasticidade três vezes superior ao do aço, o que significa que se desvia três vezes mais do que o aço sob carga, mas pode absorver mais energia em caso de carga de impacto.

9. O alumínio não altera a sua estrutura cristalina com o aquecimento e arrefecimento, ao contrário do aço, que sofre transformações cristalinas ou *mudanças de fase* a temperaturas específicas. Este facto torna possível endurecer o aço através de um arrefecimento rápido, mas as alterações na taxa de arrefecimento têm pouco ou nenhum efeito nas ligas de alumínio [3].

1.5.2 Classificação do alumínio

O alumínio está disponível em ambas as formas, forjada e fundida. Nas formas forjadas, o alumínio divide-se em 8 séries e cada série é designada por 4 dígitos que podem ser precedidos ou seguidos de letras. É utilizado um prefixo para designar a norma AA da Associação do Alumínio ou EN AW para a norma europeia ex. EN AW-1050. De acordo com a norma europeia, os prefixos são os seguintes

AB → Designa lingotes para refusão.

AC → Designa um produto fundido.

AM → Designa uma liga principal de fundição.

AW → Designa um produto forjado.

Os pormenores do sistema europeu estão contidos na especificação BS EN 573. Esta está dividida em quatro partes, como se segue:

- Parte 1: Sistema de designação numérica.

- Parte 2: Sistema de designação baseado em símbolos químicos.
- Parte 3 Regras de redação para a composição química.
- Parte 4 Forma dos produtos.

Para as ligas forjadas, segue-se o número de quatro dígitos que identifica a liga de forma única. O primeiro algarismo indica o principal elemento de liga, sendo os números de 1 a 8 utilizados da seguinte forma:

1. AW 1XXX - alumínio comercialmente puro.

2. AW 2XXX - ligas de alumínio-cobre.

3. AW 3XXX - ligas de alumínio-manganês.

4. AW 4XXX - ligas de alumínio-silício.

5. AW 5XXX - ligas de alumínio-magnésio.

6. AW 6XXX - ligas de alumínio-magnésio-silício.

7. AW 7XXX - ligas de alumínio-zinco-magnésio.

8. AW 8XXX - outros elementos, por exemplo, lítio, ferro.

Exceto no caso das ligas de alumínio comercialmente puro, os últimos três dígitos são puramente arbitrários e identificam simplesmente a liga específica. No caso do alumínio puro, contudo, os dois últimos dígitos indicam a percentagem mínima de alumínio no produto, com uma aproximação de 0,01%, por exemplo, AW-1098- 99,98% Al, AW-1090-99,90% Al. O segundo dígito indica o grau de controlo das impurezas: um zero indica limites naturais de impurezas, um número entre 1 e 9 indica que existe um controlo especial de uma ou mais impurezas individuais ou elementos de liga [3, 5].

*Tabela.1.1 Formas, propriedades e aplicações de produtos típicos [3].*

| Série de ligas | Principais elementos de liga | Forma do produto | Propriedades | Aplicação |
|---|---|---|---|---|
| 1XXX (Al puro) | Al-99% | Folha, chapa laminada, extrusões | Resistência muito baixa, elevada resistência à corrosão, fácil deformação plástica | Embalagem e folha de alumínio, enraizamento, revestimento, recipientes e tanques resistentes à corrosão de baixa resistência |
| 2XXX (Al-Cu) | Cobre (Cu) | Chapas e folhas laminadas, extrusão, peças | Elevada resistência, elevadas propriedades de fadiga, susceptíveis à | Peças sujeitas a grandes tensões, peças estruturais para a indústria aeroespacial, peças forjadas para |

|  |  | forjadas | corrosão por picadas, à corrosão intergranular e à corrosão sob tensão | trabalhos pesados, rodas para veículos pesados, cabeças de cilindro, pistões |
| --- | --- | --- | --- | --- |
| 3XXX (Al-Mn) | Manganês (Mg) | Chapas e folhas laminadas, extrusão, peças forjadas | Boa formabilidade, boa resistência à corrosão, elevada condutividade térmica | Embalagens, coberturas e revestimentos, tambores e tanques para produtos químicos, equipamento de processamento e de manuseamento de alimentos |
| 4XXX (Al-Si) | Silício (Si) | Arame, peças fundidas | Baixa ductilidade e formabilidade, elevada fragilidade | Metais de enchimento, cabeças de cilindro, blocos de motor, corpos de válvulas, fins arquitectónicos |
| 5XXX (Al-Mg) | Magnésio (Mg) | Chapas e folhas laminadas, extrusão, peças forjadas, tubos e tubagens | Resistência média, capacidade de anodização e soldabilidade de alta qualidade, boa resistência à corrosão | Revestimento, cascos e superestruturas de navios, elementos estruturais, navios e tanques, veículos, material circulante, fins arquitectónicos |
| 6XXX (Al-Mg-Si) | Magnésio (Mg) e Silício (Si) | Chapas e folhas laminadas, extrusões, peças forjadas, tubos e tubagens | Podem ser reforçados por tratamento térmico, boa formabilidade e são soldáveis, excelente resistência à corrosão | Elementos estruturais de elevada resistência, veículos, material circulante, aplicações marítimas, aplicações arquitectónicas. |
| 7XXX (Al-Mg-Zn) | Magnésio (Mg), Zinco (Zn) e Cobre (cu | Chapas e folhas | Suscetibilidade à corrosão sob | Elementos estruturais de |

| | | laminadas, extrusões, peças forjadas, | tensão, pode ser reforçada através de tratamento térmico, alta resistência, | elevada resistência, peças forjadas para aeronaves de secção pesada, pontes militares, placas de blindagem, extensões para veículos pesados de mercadorias e material circulante |
| --- | --- | --- | --- | --- |
| 8XXX (Al-Li) | Lítio (Li) | Chapas e folhas laminadas, extrusões, peças forjadas, | Elevada rigidez, endurecimento por envelhecimento, resistência à fissuração por fadiga | Estas ligas podem ser utilizadas como folhas e fechos, bem como em aletas de permutadores de calor. |

## 1.6 Liga de alumínio 6063

A liga de alumínio 6063 é uma liga de resistência média, normalmente designada por liga arquitetónica. É normalmente utilizada em extrusões complexas. Trata-se de uma liga de resistência média e soldável. Tem um bom acabamento superficial; elevada resistência à corrosão, é facilmente adequada para soldadura e pode ser facilmente anodizada. É mais comummente disponível nas têmperas T6 e T5, mas na condição T4 tem boa formabilidade [6].

### 1.6.1 Aplicação do alumínio 6063

O Al-6063 tem uma vasta aplicação em vários sectores industriais, que são os seguintes

1. Produtos de arquitetura e construção

2. Caixilharia de portas e janelas

3. Componentes eléctricos e condutas

4. Grades e mobiliário

5. Canos e tubos para sistemas de irrigação

6. Dissipadores de calor [5, 7].

## 1.7 Seleção do processo de soldadura GMAW

Atualmente, o processo GMAW tem sido amplamente utilizado numa vasta gama de indústrias, desde o fabrico de automóveis até às condutas de longa distância. É um processo de soldadura por arco que utiliza um fio alimentado continuamente como elétrodo e como metal de adição, sendo o arco e a poça de fusão protegidos por um escudo de gás inerte. Oferece as vantagens de altas velocidades de soldadura, zonas afectadas pelo calor mais pequenas do que a soldadura TIG, excelente remoção da película de óxido durante a soldadura e uma capacidade de soldadura em todas as posições. Por estas razões, a soldadura MIG é o processo de soldadura por arco manual mais utilizado para a união de alumínio [3]. A taxa de produção global do processo MIG é superior à de todos os processos de soldadura (ex.: processo de soldadura por fusão e processo de soldadura por resistência).

## 1.7.1 Soldadura por arco de metal a gás (GMAW)

O processo de soldadura por arco de metal inerte com proteção gasosa, processo EN número 131, também conhecido como MIG, MAGS ou GMAW, foi utilizado pela primeira vez nos EUA em meados da década de 1940 [3]. O GTAW é um processo lento, pelo que a procura de uma produção a alta velocidade levou ao desenvolvimento da soldadura por arco de metal a gás (GMAW), na qual o elétrodo de tungsténio não consumível do GTAW é substituído por um fio de enchimento consumível de pequeno diâmetro e composição compatível com o material de trabalho. Verificou-se também que funciona de forma mais eficiente com o DCEP, que proporciona a ação de limpeza desejada, devido ao ponto catódico móvel, na peça de trabalho, conduzindo assim não só a uma elevada taxa de deposição, mas também à polaridade desejada do elétrodo [8].

## 1.7.2 Princípios de funcionamento

O processo de soldadura MIG ilustrado na Fig. 1.1 utiliza, regra geral, corrente contínua com o elétrodo ligado ao pólo positivo da fonte de alimentação, DC positivo, ou polaridade inversa nos EUA. Isto resulta numa remoção muito boa da película de óxido. Os recentes desenvolvimentos das fontes de energia permitiram que o processo MIG fosse também utilizado com corrente alternada. A maior parte do calor desenvolvido no arco é gerado no pólo positivo, no caso da soldadura MIG o elétrodo, resultando em taxas elevadas de queima do fio e uma transferência eficiente deste calor para o banho de fusão através do fio de enchimento. Ao soldar com correntes de soldadura baixas, a ponta do fio alimentado continuamente pode não derreter suficientemente rápido para manter o arco, podendo mergulhar na poça de fusão e entrar em curto-circuito. Este curto-circuito faz com que o fio derreta como um fusível elétrico e o metal fundido é atraído para a poça de fusão por efeitos de tensão superficial. O arco volta a estabelecer-se e o ciclo repete-se. Isto é conhecido como o modo de transferência de metal *por imersão*. Serão produzidos salpicos excessivos se os parâmetros de soldadura não forem corretamente ajustados e a baixa entrada de calor pode dar origem a defeitos de falta de fusão. Com correntes mais elevadas, o metal de adição é fundido a partir da ponta do fio e transferido através do arco sob a forma de um jato de gotículas fundidas, *transferência por pulverização*. Esta condição proporciona níveis de salpicos muito mais baixos e uma penetração mais profunda no metal de base do que a transferência por imersão. Na soldadura GMAW de alumínio, o baixo ponto de fusão do alumínio resulta na transferência por pulverização até correntes de soldadura relativamente baixas, proporcionando uma junta sem salpicos [3, 4].

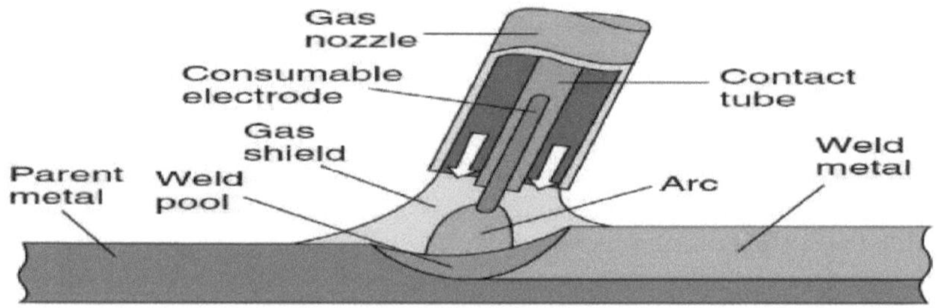


*Figura 1.1 Caraterísticas fundamentais do processo GMAW [9].*

O processo de transferência por imersão de baixa corrente e baixa entrada de calor é útil para a soldadura de chapas finas ou para a soldadura em posições diferentes da plana (PA). Foi, no entanto, suplantado em muitas aplicações por um processo de corrente pulsada, em que um impulso de corrente elevada é sobreposto a uma corrente de fundo baixa em intervalos regulares. A corrente de fundo é insuficiente para fundir o fio de enchimento, mas o impulso de corrente elevada funde o metal de enchimento e projecta-o como um jato de gotículas de tamanho controlado através do arco, proporcionando uma excelente transferência de metal a baixas correntes médias de soldadura. A Fig. 1.2 ilustra as gamas de corrente típicas para uma gama de diâmetros de fio.

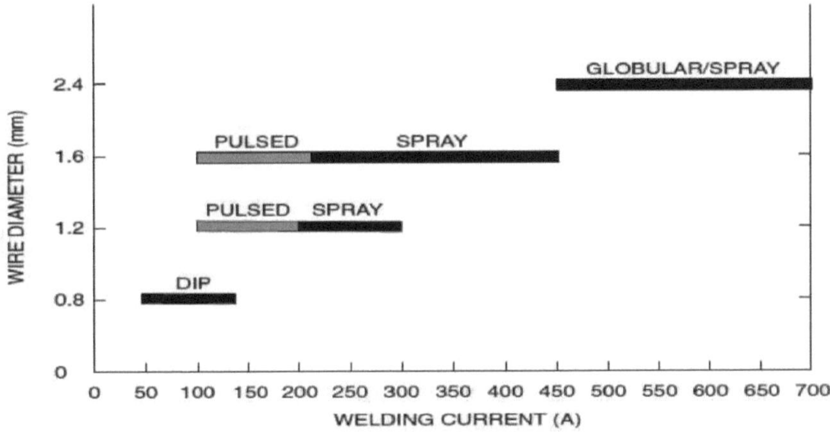


*Figura 1.2 Gamas típicas de corrente de soldadura para o diâmetro do fio e a corrente de soldadura [3].*

## 1.7.3 Fontes de energia

O arco MIG requer uma fonte de energia que forneça corrente contínua e com uma relação adequada estabelecida entre a corrente de soldadura e a tensão, sendo esta relação conhecida como a *caraterística dinâmica da fonte de energia*. Como mencionado acima, o processo MIG utiliza uma alimentação contínua do fio e, para a maioria das operações de soldadura, é importante que a taxa de queima do fio no arco seja igualada pela velocidade de alimentação do fio. Se isto não for feito, pode resultar num arco instável e numa qualidade de soldadura variável. Para conseguir este controlo, muitas fontes de energia de soldadura MIG/MAG são concebidas com uma caraterística de *tensão plana* ou *constante*. A importância desta caraterística torna-se evidente quando consideramos o que acontece durante a soldadura manual. O soldador manual não pode manter um comprimento de arco fixo e invariável durante a soldadura - uma mão instável ou um reposicionamento durante a soldadura significa que o comprimento do arco varia e isto, por sua vez, causa variações na tensão do arco. Quando isto acontece com uma fonte de energia de caraterística plana, um pequeno aumento no comprimento do arco resulta num aumento da tensão do arco, dando origem a uma grande queda na corrente do arco, como ilustrado na Figura 4. Uma vez que a taxa de queima do arame é determinada pela corrente, esta também diminui, a ponta do arame aproxima-se da poça de fusão, diminuindo a tensão e aumentando a corrente ao fazê-lo [3].

As fontes de energia incorporam caraterísticas de saída concebidas para otimizar o desempenho do arco para um determinado processo de soldadura. Para a soldadura GMAW, as caraterísticas de saída dividem-se em duas categorias principais:

9

1- Tensão constante (caraterísticas planas)

2- Corrente constante (caraterística de queda)

As fontes de alimentação de tensão constante fornecem uma tensão de arco específica para uma determinada velocidade de alimentação do fio pré-selecionada. A curva volt-amp, ou inclinação, é comparativamente plana. À medida que o CTWD aumenta com estes tipos de fontes de energia, há uma diminuição da corrente de soldadura. À medida que o CTWD diminui, há um aumento da corrente de soldadura. O arco, neste caso, torna-se um circuito em série e o CTWD fornece resistência à corrente. A Fig. 1.4 ilustra a combinação da distância entre o contacto e o trabalho

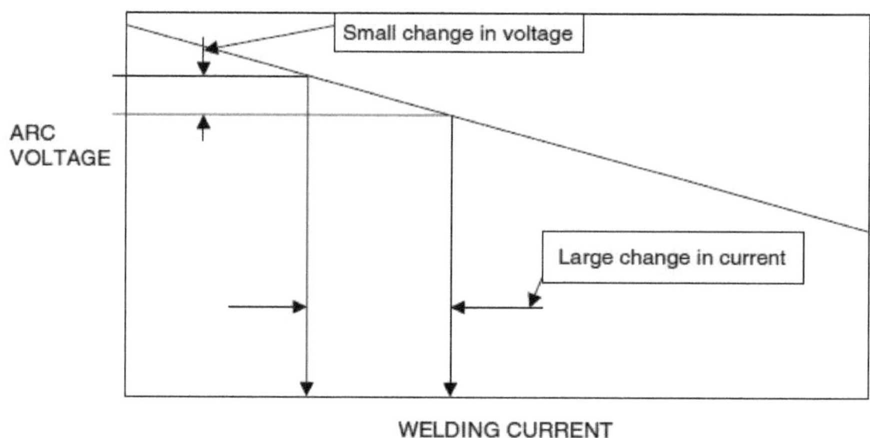


*Figura 1.3 vista esquemática do efeito do arco Tensão v / s arco Corrente. Fonte de energia de caraterística plana [19].*

As fontes de energia concebidas para GMAW requerem uma caraterística para fornecer indutância. A indutância é um componente necessário para a transferência por curto-circuito e para a transferência globular de baixa velocidade de alimentação do fio. É de pouca utilidade para a transferência por arco de pulverização e para os processos avançados, como o Surface Tension Transfer™ ou o GMAW-P.

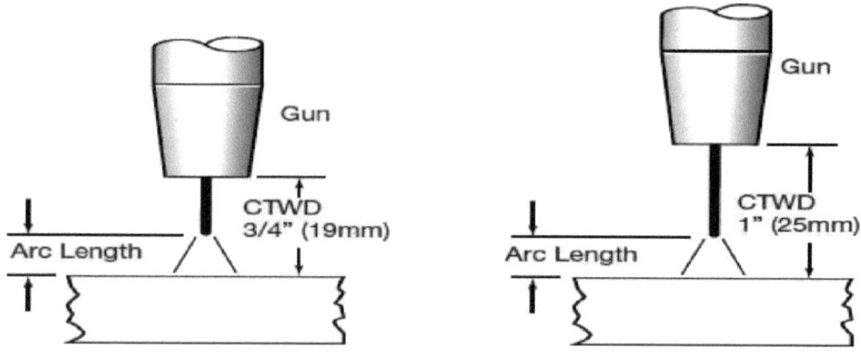


*A figura 1.4 ilustra a combinação da ponta de contacto com a distância de trabalho [9].*

1.7.4 Parâmetro do processo

1.7.4.1-    Alimentadores de arame

1.7.4.2-    Rolo de acionamento do fio

1.7.4.3-    Tocha de soldadura

1.7.4.4-    Sugestão de contacto

1.7.4.5-    Gás de proteção

1.7.4.6-    Fio de enchimento

1.7.4.7-    Distância entre a ponta de contacto e o trabalho (CTWD)

1.7.4.8-    Tensão

1.7.4.9-    Atual

A tensão, a corrente e a distância entre a ponta de contacto e o trabalho também são discutidas no parágrafo Fonte de alimentação.

### 1.7.4.1 Alimentadores de arame

Existem três formas básicas de alimentadores de arame:

1. Alimentador de tipo empurrador

2. Alimentador de tipo de tração

3. Alimentador Push-Pull

Como o nome sugere, no sistema de empurrar, o arame é empurrado pelos rolos de alimentação do arame ao longo da conduta até à tocha de soldadura. A flexibilidade do fio de alumínio significa que o fio pode dobrar e encravar dentro da conduta, resultando numa alimentação irregular do fio na tocha de soldadura e, em casos extremos, num "ninho de pássaros" de fio emaranhado na unidade de alimentação do fio. Estes alimentadores de fio são geralmente limitados a um diâmetro mínimo de fio de 1,6 mm e a conduta de alimentação de fio a um comprimento de 3,5 m [3]. sistema de alimentação de fio mostrado na fig. 1.5.

*Figura 1.5 Unidade de acionamento do fio MIG de quatro rolos [9].*

### 1.7.4.2 Rolo de acionamento do fio

Os rolos de acionamento devem ser sempre altamente polidos do tipo ranhura em "U" para alumínio. A ranhura em "U" foi concebida para alojar o elétrodo mais macio sem alterar a sua forma e o polimento elevado impede a acumulação de óxido de alumínio na ranhura do rolo de acionamento. Uma tensão excessiva poderia cortar uma aresta afiada no fio, o que poderia desgastar o revestimento do fio e aumentar o atrito. O rolo com ranhura em U reduz a possibilidade de fivela e de aresta afiada. Os rolos de tração concebidos para eléctrodos de aço-carbono não devem ser utilizados para alimentar alumínio. **Revestimento:** As guias de entrada e saída de arame para alimentação de alumínio devem ser feitas de Teflon, nylon ou outro plástico adequado que não raspe o arame. As guias de fio típicas para fio de aço são normalmente feitas de aço e não devem ser utilizadas para alimentar alumínio [9].

### 1.7.4.3 Maçaricos de soldadura

O processo MIG exige que o fio de enchimento seja fornecido à tocha de soldadura (Figura 1.7) a uma velocidade fixa e que a corrente de soldadura seja transferida para o fio através de uma *ponta de contacto* dentro da tocha. A tocha deve também estar equipada com um meio de fornecer o gás de proteção e de permitir que o soldador inicie e termine a sequência de soldadura. Isto é geralmente conseguido por meio de um gatilho no punho da tocha. O acionamento do gatilho inicia o fluxo de gás de proteção e a corrente de soldadura quando a ponta do fio é riscada na superfície da peça de trabalho. Isto, por sua vez, inicia a alimentação do fio. Ao soltar o gatilho, o avanço do fio é interrompido e a corrente e o gás de proteção são desligados. O calor gerado na tocha durante a soldadura pode também exigir que a tocha seja arrefecida com água. Todos estes serviços devem ser fornecidos à tocha através de um cabo umbilical que contém uma conduta de alimentação do fio, um cabo de corrente de soldadura, uma mangueira de gás de proteção, mangueiras de fornecimento e retorno de água de arrefecimento e os cabos de controlo elétrico. Ao mesmo tempo, a tocha não deve ser tão pesada e incómoda que o soldador não possa manipular facilmente a tocha com um mínimo de esforço. Por conseguinte, uma tocha bem concebida tem de ser leve, robusta e de fácil manutenção e o cabo umbilical tem de ser leve e flexível. Para obter uma qualidade consistente, é muito importante que o soldador disponha da melhor tocha disponível.

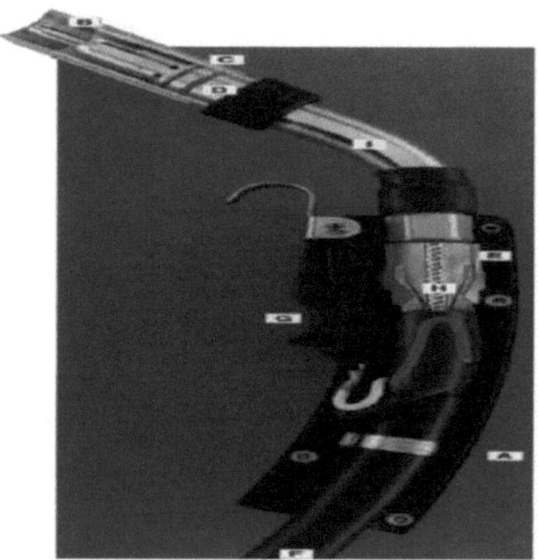

*Figura 1.6 Vista explodida de uma tocha MIG típica: (A) Punho de formato ergonómico (B) Ponta de contacto (C) Cobertura de gás (D) Difusor de gás (E) Conector do cabo de alimentação (F) Umbilical contendo a mangueira de gás,*

### 1.7.4.4 Ponta de contacto (Tubo)

A ponta de contacto é um componente pequeno mas vital no circuito de potência de soldadura. A ponta é formada por um tubo feito para se adaptar ao fio. É aparafusada na cabeça da tocha "B" na Figura 1.7 e é o ponto em que a corrente de soldadura é captada pelo fio de enchimento. A ponta de contacto é feita de cobre ou de latão com revestimento de zircónio durante a utilização. Por conseguinte, é feita para ser substituível. O comprimento da ponta para a soldadura de alumínio pode variar entre 25 mm e 100 mm. As pontas de contacto mais longas proporcionam as melhores condições de transferência de corrente e, por conseguinte, as condições de soldadura mais estáveis. As pontas foram concebidas com uma sapata com mola para manter uma pressão constante sobre o fio ou com o orifício deslocado para forçar o fio contra uma parede, melhorando e mantendo assim o contacto. Um mau contacto entre a ponta e o fio pode provocar a formação de arcos no interior da ponta, dando origem a instabilidade do arco e, eventualmente, a problemas de alimentação do fio. A danificação da ponta devido a salpicos, a um contacto acidental ou a danos mecânicos pode causar problemas semelhantes. Se a ponta estiver demasiado próxima da extremidade da cobertura de gás, existe um risco acrescido de os salpicos danificarem a ponta. Se a ponta sobressair do invólucro, existe o risco de a ponta tocar e derreter na poça de fusão. Isto provocará fissuras na poça de fusão, poderá dar origem a "ninhos de pássaros" e exigirá a substituição da ponta.

### 1.7.4.5 Gás de proteção

O árgon é substancialmente mais barato do que o hélio e produz um arco suave, silencioso e estável, dando um cordão de solda largo e liso com uma penetração tipo dedo para dar uma secção transversal de solda em forma de cogumelo. No entanto, o árgon proporciona a menor entrada de calor e, por conseguinte, as velocidades de soldadura mais lentas. Existe, portanto, um risco de defeitos de falta de fusão e de porosidade em secções espessas. O árgon pode também dar origem a um depósito de fuligem preta na superfície da soldadura. Este pode ser facilmente removido com uma escova de arame [3].

O gás de proteção recomendado para soldar alumínio até aproximadamente 1/2" (12,7 mm) de espessura é 100% árgon. Acima desta espessura, onde é necessária energia adicional para fundir o material, é comum utilizar misturas de gás de 75% árgon + 25% hélio ou 75% hélio + 25% árgon. A utilização de hélio no arco fornece energia adicional utilizada para acomodar a soldadura de secções de maior espessura. Também aumenta a forma da secção transversal das soldaduras acabadas, dando-lhes um aspeto mais arredondado. Os caudais de gás de proteção variam entre 30 e 100 pés cúbicos/hora (cfh), (14 a 47 L/min). São empregues caudais mais elevados para bicos de gás de maior diâmetro e quando se utilizam misturas de duas partes de hélio mais elevadas.

Os componentes do gás de proteção, tais como o oxigénio, o hidrogénio ou o $CO_2$, nunca devem ser utilizados para a soldadura GMAW do alumínio. Mesmo em quantidades vestigiais, estes gases afectam negativamente a soldadura [9].

### 1.7.4.6 Fio de enchimento

O fio actua como metal de adição e ânodo no arco de soldadura. Para tal, o fio capta a corrente de soldadura através de um contacto de fricção entre o fio e o furo da ponta de contacto. Os diâmetros do fio de enchimento variam entre 0,8 mm e 3,2 mm, o que resulta numa elevada área de superfície em relação ao volume. Esta área de superfície relativamente grande exige que o fio seja mantido

13

escrupulosamente limpo, uma vez que a contaminação da superfície dará origem a porosidade. Sempre que possível, os fios devem ser armazenados em condições limpas e secas nas suas embalagens fechadas. Os fios que tenham estado armazenados durante um período de tempo substancial, por exemplo, 6 meses ou mais, mesmo quando armazenados na sua embalagem original, podem deteriorar-se e dar origem a porosidade. Se forem deixados na máquina de soldadura durante a noite ou durante os fins-de-semana, devem ser protegidos contra a contaminação, cobrindo a bobina com um saco de plástico. Em aplicações críticas, pode ser necessário retirar a bobina da máquina e guardá-la numa lata de aço entre períodos de utilização. Para a soldadura de ligas de alumínio, são utilizados vários tipos de fio de enchimento: Como ER1100, ER2319, ER4043, ER4047, ER5183, ER5356, ER5554, ER5556, ER5654. A partir da pesquisa bibliográfica para o fio de enchimento AA-6063, foi selecionado o ER5356.

### 1.7.5 Vantagens do processo GMAW mecanizado

Como a soldadura MIG é um processo de alimentação contínua de fio, é muito fácil de mecanizar. A tocha, tendo sido retirada da mão do soldador, pode ser utilizada com correntes de soldadura limitadas apenas pela tocha ou pela fonte de energia e a velocidades de deslocação mais elevadas do que as que podem ser alcançadas com a soldadura manual. O processo GMAW mecanizado tem várias vantagens:

1. Qualidade mais consistente.

2. Forma do talão mais consistente e esteticamente mais aceitável.

3. A altura e o ângulo da tocha mais consistentes significam que a cobertura de gás pode ser melhor e o número de defeitos reduzido.

4. Menos paragens e arranques, logo, menos defeitos.

5. Velocidades de soldadura mais elevadas significam menos entrada de calor, zonas afectadas pelo calor mais estreitas e menos distorção.

6. Uma corrente de soldadura mais elevada significa uma penetração mais profunda e uma menor necessidade de grandes preparações de soldadura com menos passes de soldadura e, por conseguinte, menos defeitos.

7. Correntes de soldadura mais elevadas significam uma soldadura mais quente e uma porosidade reduzida.

8. As vantagens acima referidas significam que é necessário menos tempo de soldadura e que as taxas de retrabalho serão reduzidas, proporcionando grandes melhorias na produtividade e reduções de custos.

9. É necessário um soldador menos qualificado em comparação com a soldadura manual,

### 1.7.6 Desvantagens do processo mecanizado GAMW

Existem algumas desvantagens na mecanização:

1. As preparações de soldadura têm de ser mais exactas e consistentes

2. É necessário um maior planeamento para obter todos os benefícios

3. Serão necessárias despesas de capital para adquirir manipuladores e equipamento de manuseamento

4. Os custos de manutenção podem ser mais elevados do que com equipamento manual e os benefícios plenos das elevadas taxas de deposição só podem ser alcançados na posição vertical plana ou horizontal [3].

### 1.7.7 Aplicação do processo GMAW

A capacidade de soldadura em todas as posições, o modo semi-automático, a ausência de fluxos, a adequação para metais ferrosos e não ferrosos, a limpeza e a facilidade de mecanização são as principais caraterísticas atractivas do GMAW. Em muitos aspectos, o GMAW é um concorrente direto do processo SMAW. É mais rápido em aplicações semelhantes, mas o custo do equipamento e dos consumíveis é muito mais elevado. A qualidade das soldaduras é comparável e a seleção é muitas vezes baseada apenas nos custos relativos. O GMAW abriu novas áreas de trabalho na indústria de chapas metálicas para as quais o SMAW é considerado inadequado, por exemplo, é considerado útil na produção de carroçarias de automóveis. O GMAW tem uma utilização excessiva no fabrico de estruturas, construção naval, vasos de pressão, tanques, tubagens, equipamento doméstico, engenharia eléctrica geral e pesada e indústrias de fabrico de motores de aeronaves. Também é utilizado com sucesso para o fabrico de carruagens ferroviárias e na indústria automóvel, onde são utilizadas soldaduras longas e de alta velocidade de secções bastante pesadas. O processo de soldadura GMAW é utilizado principalmente para soldar ligas de alumínio, aços de carbono e de baixa liga e aço inoxidável [8].

## 1.8 Ensaios mecânicos

Os ensaios mecânicos são efectuados para avaliar as propriedades mecânicas, como a geometria do cordão, a dureza e a espetroscopia da zona de soldadura. Estes ensaios são descritos a seguir:

### 1.8.1 Geometria das pérolas

O ensaio de geometria do cordão de soldadura fornece uma caraterística importante sobre o perfil do cordão de soldadura. De acordo com este ensaio, descobriremos as seguintes caraterísticas:

1. Altura do cordão de soldadura (mm)

2. Largura do cordão de soldadura (mm)

3. Penetração do cordão de soldadura (mm)

4. Área do cordão de soldadura (mm$^2$ )

5. Área de penetração do cordão de soldadura (mm$^2$ )

6. Área de reforço do cordão de soldadura (mm )$^2$

7. Soldadura Largura da zona afetada pelo calor (HAZ) (mm)

Para realizar este ensaio, o espécime deve ser bem polido com papel de esmeril e pó de alumina de grau 1 e 3, após o que deve ser gravado com os gravadores de Keller.

### 1.8.2 Ensaio de dureza

A dureza desempenha um papel significativo na determinação das caraterísticas de um metal e de uma liga e, muitas vezes, os resultados dessas medições podem ser um fator decisivo para aceitar ou rejeitar a soldadura. Uma vez que a zona afetada pelo calor é controlada por difusão e dependente da temperatura. A dureza é de dois tipos:

1- Macrodureza

2- Microdureza.

**A macrodureza** fornece o valor global de dureza do material, enquanto **a microdureza** fornece o valor de dureza em diferentes locais da peça de trabalho. No ensaio da soldadura, o ensaio de microdureza é efectuado para avaliar a dureza do metal de soldadura, da ZTA e do metal de base. Por conseguinte, o estudo da microdureza em diferentes zonas é essencial, uma vez que a correlação entre a microestrutura e a microdureza ajuda a confirmar a análise dos resultados. Este estudo também dá uma indicação sobre a solidez e as propriedades mecânicas da soldadura, o que se pode esperar das soldaduras produzidas sob diferentes conjuntos de parâmetros de soldadura. Foi efectuada uma microdureza extensiva da zona de soldadura para determinar a possível presença de fases responsáveis pela variação da dureza [11].

### 1.8.3 Ensaio de análise espectrográfica

Este ensaio fornece a composição química do material e, depois disso, compara-o com o material padrão e designa-o. Este ensaio é efectuado antes da soldadura e após a soldadura na zona de soldadura. Em seguida, compara-se ambas as composições e analisa-se as alterações na composição.

### 1.8.4 Retificação e polimento

A moagem era efectuada com discos rotativos cobertos com papel de carboneto de silício. Existem vários tipos de papel, com 180, 240, 400, 800, 1200, 1500, 2000 grãos de carboneto de silício por polegada quadrada. Assim, o grau 180 representa as partículas mais grosseiras e é neste grau que se deve iniciar a operação de trituração. Utilizar sempre uma pressão ligeira aplicada no centro da amostra. Continue a lixar até que todas as manchas tenham sido removidas, a superfície da amostra esteja plana e todos os riscos estejam numa única orientação. Lave a amostra com água e passe para o grau seguinte, orientando os riscos do grau anterior normalmente para a direção de rotação. Isto torna mais fácil ver quando os riscos mais grosseiros foram todos removidos. Após a operação de lixamento final em papel 1500, lavar a amostra em água seguida de álcool e secá-la antes de passar para as polidoras.

Os polidores consistem em discos rotativos cobertos com um pano macio impregnado com partículas de alumina (graus 1 e 3) e um lubrificante oleoso. Começar com o grau de 3 mícrones e continuar a polir até que os riscos de moagem tenham sido removidos. É de importância vital que a amostra seja cuidadosamente limpa com água e sabão, seguida de álcool, e seca antes de passar para a fase final do grau de 1 mícron. Qualquer contaminação do disco de polimento de 1 mícron impossibilitará a obtenção de um polimento satisfatório.

O ensaio de Vickers é frequentemente mais fácil de utilizar do que outros ensaios de dureza, uma vez que os cálculos necessários são independentes do tamanho do indentador, e o indentador pode ser utilizado para todos os materiais, independentemente da dureza. O princípio básico, como em todas as medidas comuns de dureza, é observar a capacidade do material questionado de resistir à deformação plástica de uma fonte padrão. O teste de Vicker pode ser utilizado para todos os metais e tem uma das escalas mais amplas entre os testes de dureza. A unidade de dureza dada pelo teste é conhecida como o Número da Pirâmide de Vicker (VHN) ou Dureza da Pirâmide de Diamante (DPH) [9].

### 1.8.5 Gravura

O objetivo da gravação é duplo:

i. As operações de retificação e polimento produzem uma camada fina e altamente deformada na superfície, que é removida quimicamente durante a gravação.

ii. Em segundo lugar, o condicionador ataca a superfície com preferência pelos locais com maior energia, levando a um relevo superficial que permite distinguir diferentes orientações cristalinas, limites de grão, precipitados, fases e defeitos na microscopia de luz reflectida.

A gravação do AA6063 é efectuada em reagente. Para 75,3 ml, o reagente contém 25 ml de ácido nítrico, 25 ml de ácido clorídrico, 25 ml de metanol e 1-3 gotas de ácido fluorídrico [9].

# CAPÍTULO 2.

## REVISÃO DE LITERATURA

**Elatharasan G. et al (2013)** - O autor estuda a análise experimental e a otimização dos parâmetros do processo de soldadura FSW utilizando RSM. Nesta investigação, a técnica de design composto central e modelo matemático foi desenvolvido pela metodologia de superfície de resposta com três parâmetros, três níveis e 20 execuções, foi usado para desenvolver a relação entre os parâmetros FSW (velocidade de rotação, velocidade transversal, força axial,) e as respostas (resistência à tração, resistência ao escoamento (YS) e % de alongamento (% E) foram estabelecidas [14].

**Muhammad N. et al (2012)** - O autor estudou a seleção dos parâmetros de projeto e a otimização do desenvolvimento da zona de soldadura na soldadura por pontos de resistência e investigou o desenvolvimento da zona de soldadura RSW com quatro parâmetros (corrente, tempo de soldadura, força do elétrodo e tempo de espera) com a ajuda do projeto de composto central na metodologia da superfície de resposta e foram determinados os parâmetros óptimos Um modelo de regressão para o raio da pepita de solda e o tamanho da ZTA foi desenvolvido e a sua adequação foi avaliada Os resultados experimentais obtidos em condições óptimas de funcionamento foram então comparados com os valores previstos e concordaram satisfatoriamente entre si [15].

**Sudhakaran R. et al (2011)** - O autor estudou o Efeito dos Parâmetros do Processo de Soldadura na Geometria do Cordão de Soldadura e a Otimização dos Parâmetros do Processo para Maximizar a Relação Profundidade/Largura para Placas Soldadas por Arco de Tungsténio a Gás de Aço Inoxidável Utilizando Algoritmo Genético para desenvolver a melhor qualidade. A inadequação das dimensões do cordão de soldadura contribuirá para a falha da estrutura soldada. As experiências foram conduzidas com base num desenho rotativo composto central e foram desenvolvidos modelos matemáticos correlacionando os parâmetros importantes do processo GTAW controláveis (como a corrente de soldadura, a velocidade de soldadura, o caudal de gás de proteção) no final, os parâmetros ideais do processo deram um valor de 0,9 para a relação profundidade/largura, o que demonstra a precisão e a eficácia do modelo apresentado e do programa desenvolvido [16].

**Wattal R. et al (2011)** - Autor Estuda o efeito dos parâmetros de soldadura nas transformações metalúrgicas da liga de alumínio 7005 e investiga a microdureza e a microestrutura da liga de alumínio 7005 com a ajuda de cinco parâmetros básicos do processo GMAW [11].

**Oluwole O. I. et al ( 2010)** - O autor estudou o efeito da corrente e da tensão de soldadura nas propriedades mecânicas da liga de alumínio forjado (6063) e concluiu que, com o aumento da tensão de 25 para 30 V, os valores de resistência à tração e de dureza aumentam, enquanto a resistência ao impacto diminui, mas a corrente não mostrou essa tendência [12].

**Ebrahimnia Mohd et al (2009)** - O autor estudou o efeito da composição do gás de proteção nas propriedades mecânicas de soldadura do aço ST 37-2 na soldadura por arco de metal a gás e verificou que a energia absorvida no ensaio de impacto Charpy aumenta primeiro e depois permanece constante com o aumento da quantidade de dióxido de carbono na composição do gás de proteção [17].

**Panigrahi S. K. et al (2009)** - O autor estudou o efeito das condições de deformação plástica nas caraterísticas microestruturais e nas propriedades mecânicas da liga Al 6063 em laminagem criogénica e à temperatura ambiente, empregando medições de dureza, ensaios de tração, análise XRD, EBSD e caracterizações TEM. A tensão severa induzida durante a deformação plástica da liga Al 6063 produz microestruturas ultrafinas com resistência e dureza melhoradas. E, no final, foi-lhe dito que as propriedades mecânicas da liga Al 6063 laminada a frio e à temperatura ambiente foram comparadas [18].

**Soderstrom E. J. et al (2008)** - o autor estudou a transferência de metal durante o GMAW com eléctrodos finos e misturas de gás de proteção Ar-CO2 e verificou que o diâmetro médio das gotículas na região de pulverização não diminuiu proporcionalmente com os diâmetros dos eléctrodos. Ao utilizar eléctrodos de pequeno diâmetro (<0,035 in.) com misturas de gases de proteção contendo menos de 30% de CO2 e 70% de Ar, os diâmetros médios das gotas não se tornaram menores do que os diâmetros dos eléctrodos, independentemente da corrente utilizada [19].

**W^glowski, M. St. et al (2008)** - O autor estudou que a alimentação do fio tem uma influência significativa no diâmetro das gotas, na trajetória das gotas e na velocidade das gotas. Este método baseado numa câmara digital de alta velocidade e num filtro de banda estreita é muito sensível às alterações das condições de soldadura e deve ser utilizado como ferramenta de monitorização do processo GMAW [21].

**Praveen P. et al (2008)** - O autor estuda a previsão do modo de transferência de gotas em GMAW pulsado de alumínio utilizando um modelo estatístico. Processos como o GMAW-P introduzem uma complexidade adicional (com a necessidade de definir variáveis suplementares como a corrente de pico, a corrente de base, o tempo de pico, o tempo de base, a frequência e o ciclo de trabalho) que requerem um conhecimento intenso do processo para definir corretamente os parâmetros de pulsação de modo a obter uma boa qualidade. E o autor encontrou um modelo proposto para estimar o número de gotas transferidas da extremidade do elétrodo para a peça de trabalho, realizando a análise de regressão múltipla entre o modelo e o número quantificado de gotas transferidas da extremidade do elétrodo para a peça de trabalho [20].

**Pires I. et al (2007)** - O autor estudou o desenvolvimento de gases de proteção para aplicações de soldadura. O autor fez algumas das caraterísticas mais importantes de sete misturas de gases de proteção utilizadas e dá informações sobre a influência dessas misturas nas caraterísticas do processo, nomeadamente nos modos de transferência do metal e nas emissões de fumos. O foco do seu trabalho foi um estudo experimental de gases de proteção com o objetivo de analisar a estabilidade do arco e os modos de transferência, bem como a formação de fumos, tendo em vista a obtenção de um melhor ambiente de trabalho para os soldadores [22].

**Iordachescu D. et al (2006)** - O autor estudou as influências dos gases na estabilidade do processo de união e da transferência do metal fundido através do arco elétrico. Foi abordada a influência do tipo de gás e da velocidade de soldadura, bem como outros parâmetros do processo. O aspeto e a forma do cordão de solda foram analisados, destacando principalmente a influência dos gases na convexidade do cordão, sua cor, brilho, lisura e formação de poros superficiais [23].

**Durgutlu A. et al (2004)** - O autor estudou o efeito do hidrogénio no árgon como gás de proteção para a soldadura com gás inerte de tungsténio do aço inoxidável austenítico 316L. Foram examinadas a microestrutura, a penetração e as propriedades mecânicas. O árgon puro, 1,5% H2-Ar e 5% H2-Ar foram também utilizados como gás de proteção [24].

**Sato Yutaka S. et al (2002)** - O autor estudou os parâmetros que controlam a microestrutura e a dureza durante a soldadura por fricção e agitação da liga de alumínio 6063 endurecível por precipitação e verificou que as observações ao microscópio eletrónico de transmissão (TEM) detectaram uma distribuição semelhante dos precipitados de reforço no interior dos grãos e a presença de uma zona livre de precipitação (PFZ) adjacente aos limites dos grãos em todas as soldaduras. As análises microestruturais sugeriram que o pequeno aumento da dureza na zona de agitação produzido nos valores mais baixos de R foi causado por um aumento da fração volumétrica de PFZs [25].

**Liao MT. et al (1998)** - O autor estudou a microestrutura e as propriedades mecânicas das soldaduras de aço inoxidável AISI 304 utilizando o gás de proteção. As taxas de salpicos aumentam à medida que o teor de $CO_2$ das misturas de gás de proteção $Ar+CO_2$ aumenta de 2 para 20%. A tenacidade do entalhe de todos os metais de solda é afetada pela delta-ferrite e pelo potencial de oxigénio [26].

**Vincent D. et al (1995)** - O autor estudou o modo de transferência de metal e descobriu que os parâmetros eléctricos (corrente e tensão) podem ser ajustados para manter o modo desejado. O modo de transferência de metal determina a entrada de calor na poça de fusão, o tamanho e a forma da zona afetada pelo calor e a penetração. De acordo com a placa de base, o modo de transferência de metal é selecionado para obter o cordão de qualidade desejado [27].

**Sharma N. et al (ISSN:2231-5608)** - O autor estudou a modelação da rugosidade da superfície utilizando a metodologia de superfície de resposta para a liga Al-6063, uma liga de resistência média utilizada na engenharia estrutural. A metodologia de superfície de resposta é aplicada para executar o planeamento de experiências. A análise de variância é utilizada para encontrar os factores de controlo significativos e a contribuição percentual de cada fator de controlo [10].

## 2.1 Lacuna na investigação:

1. Apenas alguns artigos foram publicados sobre a soldadura de AA-6063 pelo processo GMAW com cinco parâmetros de soldadura (tensão, WFS, NPD, velocidade de soldadura, caudal de gás).

2. O Design Composto Central está a ser utilizado raramente no AA-6063 com cinco parâmetros de soldadura do processo GMAW.

3. As alterações da composição química e os seus efeitos na soldadura GMAW de AA-6063 são poucos os artigos encontrados na literatura.

## 2.2 Objectivos:

1. Para criar uma janela paramétrica do processo GMAW para AA-6063

2. Prever a geometria do cordão de soldadura do AA-6063 com a ajuda do processo GMAW

3. Descubra a alteração do elemento de liga após a soldadura e os seus efeitos na chapa AA-6063 soldada por GMAW.

# CAPÍTULO 3.

## CONCEPÇÃO DA EXPERIÊNCIA

### 3.1 Introdução

A utilização de sistemas de soldadura robotizados e automáticos para as indústrias de fabrico ajudou a melhorar a produtividade e a qualidade e a resolver problemas como a falta de soldadores qualificados e requisitos rigorosos de saúde e segurança. Para utilizar eficazmente estes sistemas, é essencial selecionar os procedimentos e parâmetros de soldadura que garantam uma qualidade adequada do cordão de soldadura. Uma soldadura de alta qualidade pode ser obtida quando as várias variáveis de soldadura estão em equilíbrio adequado. Para encontrar o equilíbrio desejado, o efeito combinado de diferentes variáveis nas dimensões do cordão de solda deve ser determinado e a melhor combinação dos níveis elevados das variáveis deve ser selecionada para garantir a solda de alta qualidade. Por conseguinte, é necessário prever o efeito combinado destas variáveis de processo na geometria do cordão de soldadura resultante e na relação de forma de uma forma ou de outra, uma vez que estas dimensões, para além do tipo de alteração na composição química, determinam a alteração na microdureza do metal de solda.

Para atingir o objetivo de prever o efeito das variáveis de soldadura nas dimensões geométricas do cordão de soldadura, foi adotada a modelação matemática, que pode ser aplicada numa variedade de campos de investigação, uma vez que, utilizando este método, a investigação se torna mais económica, rápida e versátil. A técnica estatística do desenho rotativo composto central foi utilizada para realizar as experiências com base nas quais esses modelos matemáticos ou equações puderam ser desenvolvidos. Os modelos matemáticos ou equações desenvolvidos, nos quais os dados são representados, podem ser programados e introduzidos no computador para desenvolver os sistemas de soldadura especializados.

O projeto de experiências para o desenvolvimento de modelos matemáticos para a previsão da geometria do cordão de soldadura e os procedimentos para testar a significância dos coeficientes e a adequação desses modelos matemáticos são abordados neste capítulo. Após testar a adequação dos modelos e eliminar os coeficientes insignificantes, os modelos matemáticos finais foram utilizados para mostrar graficamente a relação entre as variáveis de soldadura e as dimensões do cordão de soldadura. Finalmente, os parâmetros de soldadura optimizados foram obtidos utilizando o RSM, que foram utilizados para obter uma boa qualidade do cordão de soldadura.

### 3.2 Conceção da experiência

O projeto experimental é uma ferramenta importante para ajudar a experiência a lidar com as complexidades das investigações técnicas. Trata-se de uma abordagem organizada para a recolha de informações. A conceção da experiência é o procedimento que consiste em selecionar o número de ensaios e as condições de execução dos mesmos, essenciais e suficientes para resolver o problema que foi definido com a precisão necessária.

Entre as várias técnicas de investigação, foi selecionada para a conceção das experiências a abordagem quantitativa geral, que se baseia numa lógica mais sólida do que outras. Uma das técnicas estatísticas importantes que têm sido recomendadas para a conceção de experiências nas investigações de engenharia é um método conhecido como técnica fatorial de conceção de experiências. Esta técnica é implementada para a realização da experiência no presente trabalho. Os conceitos relacionados com esta técnica são explicados de seguida.

### 3.2.1 Terminologia

*3.2.1.1 Fator*

Uma das variáveis independentes que pode ser definida para um valor desejado é designada por fator. Os factores estão sob o controlo direto do experimentador durante a execução da experiência. São factores quantitativos que têm valores numéricos e factores qualitativos como a polaridade do elétrodo ou o tipo de gás de proteção.

*3.2.1.2 Nível*

É o valor numérico ou a caraterística qualitativa de cada fator. O nível de um fator é o seu valor ou configuração durante a execução da experiência.

*3.2.1.3 Tratamento*

A combinação específica dos níveis, de cada fator, que é testada, é designada por tratamento.

*3.2.1.4 Resposta*

É o resultado numérico de uma observação efectuada com uma determinada combinação de tratamento.

### 3.2.2 Desenho composto central

Cochran e Cox desenvolveram novas concepções, especificamente para ajustar as superfícies de resposta de segunda ordem, designadas por concepções rotativas compostas centrais, que são construídas adicionando mais combinações de tratamento às obtidas a partir de um fatorial de $2^k$. O número total de combinações de tratamentos é reduzido significativamente com a utilização destes modelos. Os modelos rotativos compostos centrais para qualquer número k ou variáveis X podem ser construídos a partir dos três componentes seguintes:

1. Os pontos que constituem o $2^k$ fatorial.

2. Os 2k pontos extra para formar um desenho composto central com $\alpha$. O valor de $\alpha$ deve ser $2^{k/4}$ para que o desenho seja rotativo. Estes são os chamados pontos estrela/eixo. Com 5 variáveis X, o tamanho da experiência é reduzido através da utilização de uma meia réplica no $2^k$ fatorial. Com a meia réplica a torna-se $2^{(k-i)/4}$, as combinações de factores adicionais introduzidas pelos $2^k$ pontos extra são formadas mantendo um dos factores no nível - $\alpha$ enquanto se mantém o resto dos factores no nível 0 e novamente mantendo esse fator no nível +$\alpha$ enquanto se mantém o resto dos factores no mesmo nível 0 até que todos os factores tenham sido desenhados - $\alpha$ e + $\alpha$. Por desenho rotativo, queremos dizer que o erro padrão da resposta estimada em qualquer ponto da superfície ajustada é o mesmo para todos os pontos que estão à mesma distância do centro da região. Tal como mencionado, o valor de a deve ser selecionado corretamente para tornar o modelo rotativo.

3. São acrescentados alguns pontos no centro. Nestes pontos, todos os factores estão no seu nível 0. Uma vez estabelecidas as gamas de funcionamento dos factores, os limites superior e inferior são codificados como +2 e -2, respetivamente. Os intervalos entre os níveis +2 e -2 são divididos em quatro partes iguais, formando os níveis intermédios de -1, 0, +1, sendo o nível 0 o ponto central. Isto é feito para facilitar a formação da matriz de conceção que mostra as diferentes combinações dos factores de acordo com as quais os ensaios experimentais devem ser efectuados aleatoriamente para evitar erros sistemáticos.

### 3.2.3 Factores e respectivos níveis

Os vários factores e os seus níveis são apresentados no quadro 4.6

## 3.3 Desenvolvimento da matriz de conceção

A matriz de conceção foi desenvolvida para cinco factores variáveis, que foram tidos em conta para a previsão da geometria do cordão de soldadura. As várias variáveis de entrada e as respostas obtidas para estes estudos experimentais são as seguintes:

### 3.3.1 Variáveis de entrada

As cinco variáveis são apresentadas a seguir:

1. Tensão de circuito aberto (A)

2. Taxa de alimentação do fio (B)

3. Velocidade de soldadura (C)

4. Distância entre o bico e a placa (D)

5. Caudal de gás (E)

### 3.3.2 Constantes de entrada

A seguir são apresentadas cinco constantes:

1. Espessura da placa de base =12 mm

2. Ângulo da tocha =90°

3. Gás de proteção utilizado = 99,9% de árgon puro

4. Polaridade do elétrodo = Inversa (DCEP)

5. Posição de soldadura = plana

6. Modo de soldadura = mecanizado

### 3.3.3 Parâmetros de resposta

Selecionei cinco respostas que são apresentadas a seguir:

1. Largura da conta

2. Penetração de pérolas

3. Reforço do cordão

4. Diluição

5. Microdureza

6. % do teor de Cr

7. % do teor de Ni

8. % do teor de Mn

9. % do teor de Mg

10. % de teor de Cu

O método de conceção desta matriz é apresentado a seguir:

### 3.3.4 factores (k=5)

Foi tomada ½ fração com CCD, o número de factores foi k=5, pelo que os $2^{k-1}$ pontos constituíram os primeiros dezasseis padrões. Os 2k pontos (pontos estrela/eixo) formam os dez primeiros padrões dos números padrão 17 a 26. Os seis pontos do centro formam os números padrão de 27 a 32. Assim, eram necessários os totais de 32 padrões. O valor de a é igual a $2^{(k-1)/4} = 2$. Os níveis dos factores correspondentes, de acordo com o desenho rotativo composto central, eram -2,1, 0, +1, + 2.

A conceção para os cinco factores fornece uma estimativa b0 para o efeito médio de todos os parâmetros, cinco estimativas $b_1$ ,$b_2$ ,$b_3$ ,$b_4$ ,$b_5$ para os efeitos principais $b_{11}$ ,$b_{22}$ ,$b_{33}$ ,$b_{44}$ ,$b_{55}$ para os efeitos quadráticos e seis estimativas $b_{12}$ ,$b_{13}$ , ........,$b_{45}$ para as interações dos dois factores. Nestas concepções e matrizes, $X_0$ é uma variável fictícia introduzida para o cálculo de "$b_0$ ".

## 3.4 Desenvolvimento dos modelos matemáticos

Um modelo matemático que relacione os valores da resposta com os níveis de um ou mais factores é uma ajuda indispensável na experimentação dos resultados de um desenho experimental. A experiência mostra que as relações quadráticas (polinómio de segundo grau) são geralmente adequadas e, por isso, a maior parte dos modelos de superfície na literatura são para ajustar a equação quadrática. Com base nisto, assumiu-se o seguinte polinómio de segundo grau que relaciona as respostas ou rendimentos com todos os factores ou variáveis.

$$Y = b0 + \sum_{i=1}^{k} biXi + \sum_{i=1}^{k} biXi2 + \sum_{i<j} bijXiXj \qquad 4.1$$

$$J = 2 \ldots k$$

Onde,

Y- Variável de resposta ou rendimento, por exemplo, penetração, largura do cordão, etc.

$X_i$ , $X_j$ - Factores independentes, como a velocidade de soldadura, etc.

$B_0$ ,$b_i$ , bii, bj, bjj - coeficientes de regressão.

k- Número de factores.

Para cinco factores, a equação acima pode ser explicada da seguinte forma:

$$Y = b + b_1X_1 + b_2X_2 + b_3X_3 + b_4X_4 + b_5X_5^2 + b_{11}X_1^2 + b_{22}X_2^2 + b_{33}X_3^2 + b_{44}X_4^2$$

$$+ b_{55}X_5^2 + b_{12}X_1X_2 + b_{13}X_1X_3 + b_{14}X_1X_4 + b_{15}X_1X_5 + b_{24}X_2X_4 + b_{25}X_2X_5$$

$$+ b_{34}X_3X_4 + b_{35}X_3X_5 + b_{45}X_4X_5 \qquad 4.2$$

Na notação matricial, um modelo pode ser expresso como:

$$Y = b X + \varepsilon \qquad 4.3$$

Onde,

Y - Resposta

$\varepsilon$ - Erro

## 3.5 Verificar a adequação do modelo

### 3.5.1 O teste de análise de variância para a regressão (ANOVA)

Este método destina-se a comparar os tratamentos, em que as experiências são atribuídas aleatoriamente ao material experimental. Neste método, os dados são analisados e os resultados da análise são apresentados sob a forma de um quadro. Este quadro é designado por quadro de análise de variância. As entradas na tabela representam uma medida de informação relativa à fonte separada de variação nos dados. Os vários termos utilizados na tabela ANOVA são explicados de seguida:

### 3.5.1.1  Modelo

*Soma de Quadrados:* é o total das somas de quadrados para os termos do modelo.

*DF:* São os graus de liberdade do modelo. É o número de termos do modelo, incluindo a interceção menos um.

*Quadrado médio:* Estima a variância do modelo, que é calculada pela soma dos quadrados do modelo dividida pelos graus de liberdade do modelo.

*Valor F:* É o teste para comparar a variância do modelo com a variância residual (erro). Se as variâncias forem próximas da mesma

$$F = \frac{\text{Model Mean Square}}{\text{Residual Mean Square}} \qquad\qquad 4.4$$

Prob >F: É a probabilidade de ver o valor F observado se a hipótese nula for verdadeira (não há efeito do Fator). Pequenos valores de probabilidade exigem a rejeição da hipótese nula. A probabilidade é igual à proporção da área sob a curva da distribuição F que se situa para além do valor F observado. A própria distribuição F é determinada pelos graus de liberdade associados à variância que está a ser comparada. Se o valor Prob > F for muito pequeno (inferior a 0,01), então os termos do modelo têm um efeito significativo na resposta.

### 3.5.1.2  Residual

Consiste no termo utilizado para estimar o erro experimental (para os factoriais de 2 níveis, os factores e interações insignificantes que caem na linha de probabilidade normal no gráfico de efeitos.

*Soma dos quadrados:* igual à soma dos quadrados para todos os termos não incluídos no modelo.

*DF:* É o DF total corrigido menos o DF modelo.

*Quadrado médio:* É a estimativa da variância do processo. A raiz quadrada deste valor fornece uma estimativa do desvio padrão do processo.

### 3.5.1.3  Falta de adequação (LOF)

Esta é a variação dos dados em torno do modelo ajustado. Se o modelo não se ajustar bem aos dados, esta variação será significativa. A falta de ajuste não significativa é desejável.

*Soma de quadrados:* É a soma de quadrados residual depois de remover a soma de quadrados do erro puro.

*DF:* Fornece a quantidade de informação disponível após a contabilização do bloqueio, dos termos do modelo, da curvatura e do erro puro.

*Quadrado médio:* Estima a falta de ajuste.

*Valor F:* É o teste para comparar a variância da falta de ajustamento com a variância do erro puro. Se as variâncias forem praticamente as mesmas, o rácio será próximo de um e é menos provável que a falta de ajustamento seja significativa.

*Prob>F:* probabilidade de ver o valor F observado, se a hipótese nula for verdadeira. Valores de probabilidade pequenos exigem a rejeição da hipótese nula de que a falta de ajuste não é significativa.

Se o valor Prob>F for muito pequeno (inferior a 0,01), então a falta de ajuste é significativa. Por outras palavras, a variação nos pontos do modelo difere significativamente da variação nos pontos replicados. Pretendemos que o valor Prob>F para a falta de ajuste seja superior a 0,01.

### 3.5.1.4 Puro erro

É a quantidade de variação na resposta em pontos de conceção replicados.

*Soma de quadrados:* É a soma dos quadrados do erro puro dos pontos replicados.

*DF:* Mostra a quantidade de informação disponível a partir de pontos replicados.

*Quadrado médio:* Estima a variância do erro puro.

### 3.5.1.5 Desvio padrão

É a (Root MSE) raiz quadrada do quadrado médio residual. Trata-se de uma estimativa do desvio padrão associado à experiência.

### 3.5.1.6 IMPRENSA

A Soma de Quadrados do Erro Residual Previsto (PRESS) é uma medida da forma como o modelo se ajusta a cada ponto no desenho. A PRESS é calculada começando por prever que cada ponto deve ser de um modelo que contém todos os outros pontos, exceto o ponto em questão. Os resíduos ao quadrado (diferença entre os valores reais e previstos) são então somados.

### 3.5.1.7 R-quadrado

É a medida da quantidade de variação em torno da média explicada pelo modelo, ajustada para o número de termos no modelo. O valor do R-quadrado ajustado diminui à medida que o número de termos no modelo aumenta, se esses termos adicionais não acrescentarem valor ao modelo.

$$R^2 = 1 - \frac{SSresidual}{SS\,mod\,el + SSresidual} \qquad 4.5$$

### 3.5.1.8 Adj R-quadrado

É a medida da quantidade de variação em torno da média explicada pelo modelo, ajustada para o número de termos no modelo. O valor do R-quadrado ajustado diminui à medida que o número de termos no modelo aumenta, se esses termos adicionais não acrescentarem valor ao modelo.

$$Adj\ R^2 = 1 - \frac{SSresidual/DFresidual}{(SS\,mod\,el+SSresidual)/(DF\,mod\,el+DFresidual)} \qquad 4.6$$

### 3.5.1.9 Pred R-Squared

É a medida da quantidade de variação nos novos dados explicada pelo modelo.

$$Pred\ R^2 = 1 - \frac{PRESS}{SStotal-SSblock} \qquad 4.7$$

Os valores do R-quadrado previsto e do R-quadrado ajustado devem estar dentro de 0,20 um do outro. Caso contrário, pode haver um problema com os dados ou com o modelo.

Para além do teste de adequação acima mencionado, a validade dos modelos desenvolvidos é também verificada através do desenho de um diagrama de dispersão, que mostra a relação entre os valores observados e previstos das dimensões do cordão de soldadura.

### 3.5.2 Gráfico de valores residuais versus valores ajustados

Se o modelo estiver correto e se os pressupostos forem satisfeitos, os resíduos devem ser menos estruturados, em particular, não devem estar relacionados com qualquer outra variável, incluindo a resposta. Um defeito que ocasionalmente aparece neste gráfico é a variância não constante. Por vezes, a variância das observações aumenta à medida que a magnitude da observação aumenta. Este seria o caso se o erro fosse uma percentagem constante do tamanho das observações (isto acontece principalmente quando o resíduo aumenta à medida que a resposta aumenta e o gráfico do resíduo v/s resposta toma a forma de uma abertura ascendente como um funil. A variância não constante também aumenta no caso de os dados seguirem uma distribuição não normal e enviesada. A resposta errática ao tratamento também pode causar desigualdade na variância.

### 3.5.3 Gráfico normal do resíduo

Trata-se de um gráfico entre a probabilidade normal e os resíduos. O gráfico de probabilidade normal indica se o resíduo segue uma distribuição normal, caso em que os pontos seguem a linha reta. Apresenta alguma dispersão mesmo com dados normais.

### 3.5.4 Previsto v/s real

É um gráfico dos valores de resposta reais versus os valores de resposta previstos. Os valores reais são obtidos através de experiências e os previstos são aqueles que são previstos a partir do modelo. Ajuda a detetar valores, ou grupos de valores, que não são facilmente previstos pelo modelo.

### 3.5.5 Outlier t

É uma medida de quantos desvios padrão o valor real se desvia do valor previsto após a eliminação do ponto em questão. Para facilitar a identificação de um padrão anormal (Std.), o Design-Expert coloca "limites de controlo" em mais ou menos 3,5 no gráfico t de outliers. Os outliers são investigados para descobrir se uma causa especial pode ser atribuída a eles. Se for encontrada uma causa, então pode ser aceitável analisar os dados sem esse ponto. Se não for identificada nenhuma causa especial, então o ponto deve provavelmente permanecer no conjunto de dados. Os gráficos que mostram até que ponto o modelo satisfaz os pressupostos da ANOVA foram discutidos acima. Os gráficos normais dos resíduos e os gráficos reais v/s previstos para todas as dez respostas são apresentados na "fig. 4.7"

### 3.6 Testar a significância dos coeficientes dos modelos

Com os coeficientes de regressão estimados, os modelos matemáticos podem ser construídos e utilizados para prever os valores dos parâmetros de resposta, mas estas equações podem conter coeficientes insignificantes, pelo que é necessário testar a significância dos coeficientes. Para testar a significância dos coeficientes, utilizou-se o teste t de Student.

Os factores de multiplicação (por exemplo, 0,042667) que dão o coeficiente de regressão fornecem também o erro padrão dos coeficientes. Uma vez calculados estes erros-padrão, o valor tabelado de t' para um dado nível de confiança e correspondente aos graus de liberdade do erro experimental pode ser encontrado a partir da tabela t de Student. O intervalo de confiança para um efeito é, então, o seguinte

Efeito $\pm$ t (S.E. do efeito)

S.E. do efeito = (M.S. do erro) x $\sqrt{M.F.}$ (ou soma de M.F.)

Onde,

E.S. = erro padrão

M.S. = quadrado médio

M.F. = fator de multiplicação

$B_i$ = coeficiente

Em alguns casos, os coeficientes não são estatisticamente significativos por si só, mas como fazem parte de termos de ordem superior, devem ser mantidos nas respectivas equações. Para além disso, se um dos efeitos de segunda ordem $b_{ii}$ não for significativo, deve ser eliminado da equação e os restantes coeficientes ($b_{ii}$ 's e $b_0$ ) devem ser recalculados.

# CAPÍTULO 4.

## EXPERIMENTAÇÃO

### 4.1   Material e equipamento de soldadura

### 4.1.1 Máquina de soldadura

O controlo instantâneo da potência só é possível com fontes de energia baseadas em inversores e com registo e processamento digital de medições. A Figura 4.1 mostra um sistema de soldadura desenvolvido especificamente para a soldadura "Power Wave™ 355M com alimentação de energia 10M". Os diâmetros de eléctrodos de arame mais frequentemente utilizados são 1,0 e 1,2 mm para aço e cromo/níquel/aço, 1,2 e 1,6 mm para aplicações de alumínio. Dependendo do metal de base, os gases de proteção utilizados são gases inertes ou mistos com elevado teor de árgon.

*Tabela 4.1 Especificação técnica do Lincoln Electric Power Wave™ 355M com alimentação de potência 10M[9].*

| | |
|---|---|
| Gama de regulação Corrente de soldadura | 5-450 Amp |
| Ciclo de funcionamento (dc) a uma temperatura ambiente | $20^0$ C- 40 $C^0$ |
| 60 % dc | 350 A/ 34 V |
| 100 % dc | 300 A/ 32 V |
| Tensão de entrada (1 e 3 fases) | 200-575V |
| Frequência da rede eléctrica | 50/60 |
| Velocidade de alimentação do fio (m/min) | 19 |
| Dimensões da máquina de soldar C x L x A [mm] | (373 x 338 x 706)mm |
| Unidade de acionamento WF | 4 rolos |
| Tensão de circuito aberto | 45 V |
| GMAW | 450 A/ 45 V |

### 4.1.2 Metal de base:

O metal de base utilizado no processo GMAW é o AA6063. Trata-se de uma liga de base de magnésio e silício. A composição do metal de base é a seguinte:

*Quadro 4.2 Composição do material [Munjal Casting Ludhiana].*

| Elementos | Si | Fe | Cu | Mn | Mg | Zn | Ti | Cr | Ni | Al |
|---|---|---|---|---|---|---|---|---|---|---|
| % em peso | 0.44 | 0.18 | 0.01 | 0.04 | 0.48 | 0.01 | 0.01 | 0.002 | 0.019 | Bal |

### 4.1.2 Propriedades

Existem algumas propriedades ex. As propriedades mecânicas, térmicas e eléctricas são apresentadas na tabela 4.3.

*Tabela 4.3 Propriedades dos materiais [10].*

| Grau | 6063 |
|---|---|
| Densidade (g/cm )$^3$ | 2.70 |
| Rácio de Poisson | 0.33 |
| Módulos elásticos (GPa) | 69.5 |
| Resistência à tração (MPa) min | 220 |
| Resistência ao escoamento 0,2% Prova (MPa) min | 190 |
| Alongamento (% em 6,35mm) min | 5 |
| Condutividade térmica (W/m-K) | 200 |
| Resistividade eléctrica ($10^9$ ·Ω-m) | 0.035x10$^{·6}$ |
| Ponto de fusão C$^0$ | 616-654 |
| Dureza (HV) max | 70 |

### 4.1.4 Fio de enchimento

A tabela mostra as composições químicas do fio de enchimento utilizado nas experiências. O fio de enchimento recomendado pela AWS para o 6063 é o 5356. O fio de diâmetro 1,2 mm é utilizado como consumível de soldadura.

*Tabela 4.4 Composição do fio de enchimento [Munjal Casting Ludhiana].*

| Elementos | Al | Mg | Zn | Si | Fe | Cu | Cr | Ti | Mn |
|---|---|---|---|---|---|---|---|---|---|
| ER 5356 | 95.2 | 4.8 | 0.1 | 0.25 | 0.5 | 0.5 | 0.1-0.2 | 0.15 | 0.01-0.02 |

## 4.2 Gás de proteção

A principal função do gás de proteção é proteger o metal fundido do azoto atmosférico e do oxigénio, à medida que a poça de fusão se vai formando. Além disso, o gás também promove um arco estável e uma transferência uniforme de metal. A qualidade, a eficiência e a aceitação operacional global da operação de soldadura dependem fortemente do gás de proteção, uma vez que este domina o modo de transferência de metal. O gás de proteção não só afecta as propriedades da soldadura, como também determina a forma e o padrão de penetração. Durante a soldadura, o gás de proteção também interage com o fio de soldadura para produzir a força, a tenacidade e a resistência à corrosão de determinados depósitos de soldadura [11]. O gás de proteção também afecta os teores residuais de hidrogénio, azoto e oxigénio dissolvidos no metal de solda. A seleção do gás de proteção deve, por todos os meios, ter em conta os processos químico-metalúrgicos entre os gases e a poça de fusão que ocorrem durante a soldadura. A densidade do gás de proteção tem uma influência importante na eficiência da proteção do arco e da poça de fusão contra a atmosfera ambiente [12]. Os valores que indicam a densidade relativa do gás de proteção em relação ao ar são de importância primordial. O árgon e o dióxido de carbono são gases que têm, de longe, a maior densidade e, portanto, formam uma proteção gasosa eficiente em torno do arco. A densidade relativa do gás de proteção em relação ao ar é de importância primordial. O árgon e o dióxido de carbono são gases que têm, de longe, a densidade mais elevada e, por conseguinte, formam uma proteção gasosa eficaz em torno do arco.

## 4.2.1 Árgon

O árgon comercial (99,98%) é utilizado como gás de proteção em todas as experiências. São utilizados diferentes caudais de gás de proteção em diferentes módulos, variando de 10 a 15 litros/minuto. A soldadura é realizada adoptando uma técnica de soldadura de cordão único sobre placa. A polaridade positiva do elétrodo de corrente contínua é utilizada para realizar a soldadura. O gás de proteção mais utilizado é o árgon, que é aproximadamente 1,3 vezes mais pesado do que o ar e 10 vezes mais pesado do que o hélio. O gás está disponível em vários graus, incluindo um "grau de pureza elevado" refinado a uma pureza mínima de 99,998%, ou um grau de soldadura, refinado a uma pureza mínima de 99,995%. É um gás quimicamente inerte, incolor, inodoro, insípido e não tóxico. O árgon proporciona uma maior ação de limpeza do que outros gases. Por ser mais pesado que o ar, o árgon protege a soldadura da contaminação. Por esta razão, o árgon é frequentemente utilizado em combinação com outros gases para a proteção do arco. O árgon reduz os salpicos ao produzir um arco silencioso e ao reduzir a tensão do arco, o que resulta numa menor potência no arco e, consequentemente, numa menor penetração. A combinação de menor penetração e redução de salpicos torna o árgon desejável na soldadura de chapas metálicas. O baixo potencial de ionização (boa condutividade eléctrica) do árgon ajuda a criar um excelente percurso da corrente e uma estabilidade superior do arco. A utilização de árgon puro para soldar aço resulta normalmente em subcotação, mau contorno do cordão e a penetração é algo superficial [9].

*Tabela: 4.5 Propriedades físicas do gás árgon [9].*

| Unidades métricas | | | Ponto de ebulição @ 101,325 kPa | | Propriedades da fase gasosa a 0° C e a 101,325 kPa | | |
|---|---|---|---|---|---|---|---|
| | | | Temp. | Calor latente de vaporização | Específico Gravidade | Calor específico (Cp) | Densidade |
| Substância | Química Símbolo | Mol. Peso | °C | kJ/kg | Ar = 1 | kJ/kg ° C | kg/m3 |
| Árgon | Ar | 39.95 | -185.9 | 162.3 | 1.39 | 0.523 | 1.7837 |

| Propriedades da fase líquida @ B.P., & @ 101,325 kPa | | Ponto Triplo | | Ponto crítico | | |
|---|---|---|---|---|---|---|
| Específico Gravidade | Calor específico (Cp) | Temp. | Pressão | Temp. | Pressão | Densidade |
| Água = 1 | kJ/kg ° C | °C | KPa abs | ° C | KPa abs | Kg/m³ |
| 1.4 | 1.078 | -189.3 | 68.9 | -122.3 | 4905 | 535.6 |

## 4.3 Metodologia

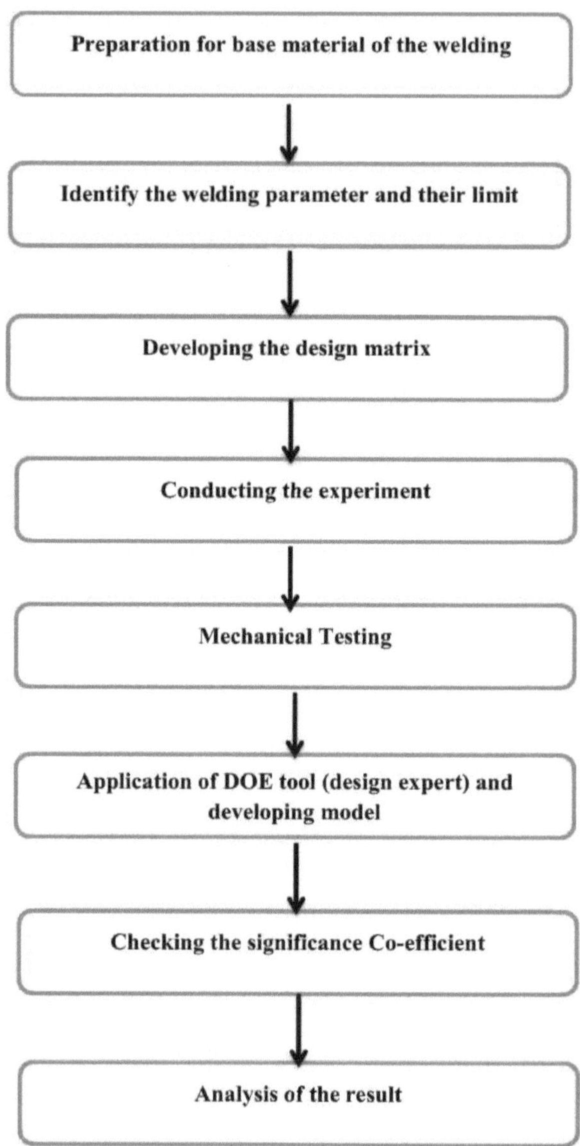


### 4.3.1 Preparação do metal de base

O material é cortado da placa de alumínio 6063 por uma serra eléctrica Hack Saw na dimensão pretendida.

O comprimento do provete é de 150 mm, a largura é de 100 mm e a espessura é de 10 mm.

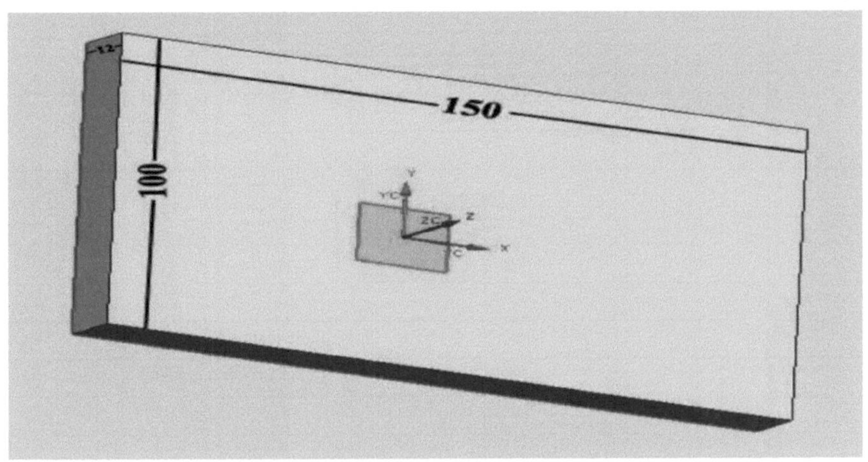



*Fig 4.1 Vista dimensional do material de base [ NX 7.5]*

## 4.3.2 Identificar os parâmetros de soldadura e os seus limites

No presente estudo, os três parâmetros de entrada selecionados são a tensão, a velocidade de alimentação do fio, o NPD, a velocidade de deslocação do arco e o gás de proteção. As gamas destes parâmetros foram selecionadas após a realização de vários ensaios em amostras, como se mostra na Tabela 4.4. Os parâmetros selecionados mostram um bom aspeto da qualidade da soldadura após a soldadura

*Tabela 4.6 Parâmetros de soldadura e unidade [Welding Metallurgy Lab Sliet Longowal].*

| N.º Sr. | Parâmetro de soldadura | Unidade | Limite inferior | Limite superior |
|---|---|---|---|---|
| 1 | Tensão | Tensão | 26 | 32 |
| 2 | WFS | m/min | 6 | 7.5 |
| 3 | NPD | Mm | 10 | 18 |
| 4 | Velocidade de soldadura | cm/min | 27 | 43 |
| 5 | Gás de proteção | | 18 | 25 |

## 4.3.3 Desenvolver a matriz de conceção

Depois de identificar o parâmetro de soldadura e o seu limite, o passo seguinte é desenvolver a matriz de conceção para realizar a experiência. Uma vez que existem cinco factores a dois níveis, utilizámos o design composto central ao abrigo da metodologia de superfície de resposta, de acordo com esta vinte e seis experiências a % de fração são conduzidas com uma repetição, pelo que são realizadas 32 experiências no total.

*Tabela 4.7 A matriz de conceção da experiência é apresentada [ Perito em conceção 9].*

| Std | Correr | Tensão | WFS | Velocidade | NPD | Fluxo G |
|---|---|---|---|---|---|---|
| 1 | 17 | -1 | -1 | -1 | -1 | 1 |
| 2 | 7 | 1 | -1 | -1 | -1 | -1 |

| 3 | 13 | -1 | 1 | -1 | -1 | -1 |
| 4 | 27 | 1 | 1 | -1 | -1 | 1 |
| 5 | 23 | -1 | -1 | 1 | -1 | -1 |
| 6 | 32 | 1 | -1 | 1 | -1 | 1 |
| 7 | 21 | -1 | 1 | 1 | -1 | 1 |
| 8 | 10 | 1 | 1 | 1 | -1 | -1 |
| 9 | 24 | -1 | -1 | -1 | 1 | -1 |
| 10 | 4 | 1 | -1 | -1 | 1 | 1 |
| 11 | 29 | -1 | 1 | -1 | 1 | 1 |
| 12 | 6 | 1 | 1 | -1 | 1 | -1 |
| 13 | 25 | -1 | -1 | 1 | 1 | 1 |
| 14 | 8 | 1 | -1 | 1 | 1 | -1 |
| 15 | 2 | -1 | 1 | 1 | 1 | -1 |
| 16 | 30 | 1 | 1 | 1 | 1 | 1 |
| 17 | 11 | -2 | 0 | 0 | 0 | 0 |
| 18 | 5 | 2 | 0 | 0 | 0 | 0 |
| 19 | 18 | 0 | -2 | 0 | 0 | 0 |
| 20 | 20 | 0 | 2 | 0 | 0 | 0 |
| 21 | 14 | 0 | 0 | -2 | 0 | 0 |
| 22 | 9 | 0 | 0 | 2 | 0 | 0 |
| 23 | 19 | 0 | 0 | 0 | -2 | 0 |
| 24 | 16 | 0 | 0 | 0 | 2 | 0 |
| 25 | 1 | 0 | 0 | 0 | 0 | -2 |
| 26 | 12 | 0 | 0 | 0 | 0 | 2 |
| 27 | 22 | 0 | 0 | 0 | 0 | 0 |
| 28 | 15 | 0 | 0 | 0 | 0 | 0 |
| 29 | 28 | 0 | 0 | 0 | 0 | 0 |
| 30 | 31 | 0 | 0 | 0 | 0 | 0 |
| 31 | 3 | 0 | 0 | 0 | 0 | 0 |
| 32 | 26 | 0 | 0 | 0 | 0 | 0 |

## 4.4 Realização da experiência

Após o desenvolvimento da matriz de conceção, o passo seguinte é a realização da experiência, ou seja, a soldadura tem de ser efectuada após a formação da matriz de conceção. Mas antes de efetuar a soldadura, a peça de trabalho tem de estar limpa e arrumada e também ter as dimensões especificadas. Para o efeito, é necessária uma escova de arame de aço, uma ação e uma barra Vim com um limpador de aço. A Figura 4.2 mostra a vista da configuração da soldadura para a realização da soldadura.

*Figura 4.2 Instalação de soldadura [Welding Metallurgy Lab SLIET Longowal]*

## 4.5 Aspeto da soldadura:

O aspeto da solda e a qualidade do metal de solda obtido são muito bons. O aspeto da solda de diferentes metais de solda em diferentes parâmetros de soldadura é alcançado. Os parâmetros de soldadura são apresentados na tabela 5.1 da matriz de projeto. O aspeto da soldadura das chapas de soldadura selecionadas é mostrado na figura 4.3.

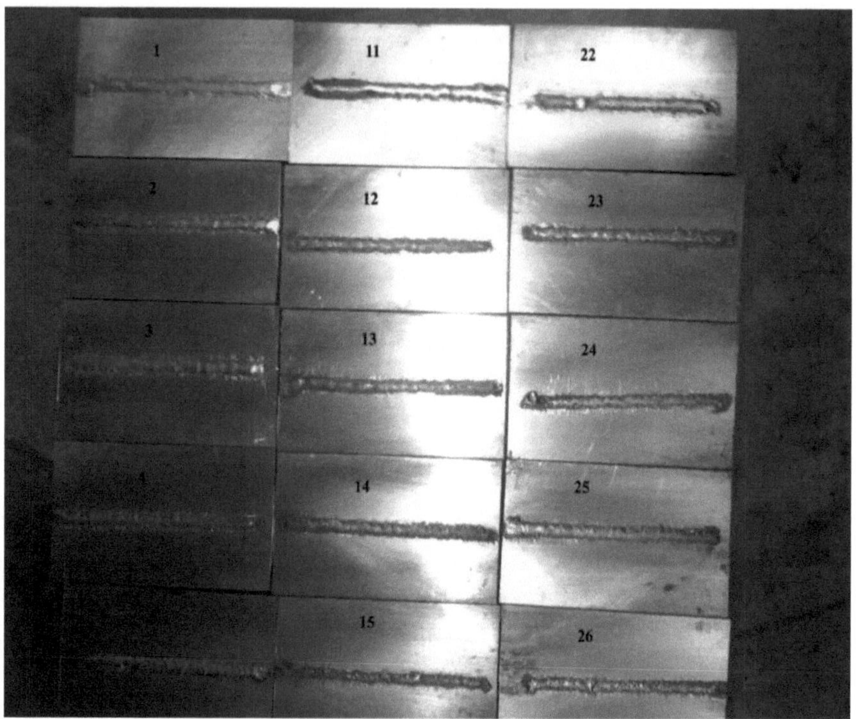

Figura 4.3 Aspeto da soldadura de chapas selecionadas [Welding Metallurgy Lab SLIET Longowal].

## 4.6  Testes:

### 4.6.1 Diluição

Depois de determinar a geometria do cordão de soldadura (como a penetração do cordão, o reforço do cordão, a área total, a largura do cordão, etc.), calcula-se a diluição. A diluição é a redução dos elementos de liga na fusão, relativamente à quantidade presente no metal de adição, devido à mistura com metal de base mais magro. A diluição (%) representa a quantidade de material de base metálico fundido em relação à quantidade total de metal fundido na soldadura.

Matematicamente, pode ser expressa da seguinte forma: *Diluição (%) = $A_P$ / ($A_P$ + $A_R$)*, em que os símbolos têm o significado indicado nas notações. Quando a composição química do metal de base e do metal de adição é conhecida, a composição média do metal de solda pode ser calculada se a quantidade de diluição for conhecida. A diluição é afetada pelo processo de soldadura utilizado e pelo parâmetro real utilizado, que influenciam a quantidade de penetração alcançada.

### 4.6.2 Ensaio de microdureza:

Após a soldadura, as secções transversais dos cordões de soldadura foram cortadas da parte central das placas como amostras. Estes espécimes foram preparados pelo método de polimento metalúrgico padrão ASTM E-384. O ensaio de microdureza foi efectuado no laboratório de metalurgia da soldadura SLIET LONGOWAL.

As leituras de microdureza das peças foram estudadas pela máquina de dureza de Vicker, sob a carga de 200gm com um tempo de permanência de 20 segundos. As leituras foram efectuadas tanto no lado do avanço como no lado do recuo para um comportamento abrangente do metal de solda e da zona termicamente afetada e do metal de base. A distância entre os dois entalhes é de 1,5 mm e são efectuadas 10 leituras no total, sendo a média de todos os valores de microdureza

### 4.6.3 Análise espectrográfica

A análise foi realizada no R.K. Inspection and Testing Lab, Mayapuri, Delhi (Índia) com um espetrómetro de emissão de vácuo de leitura direta modelo polyvac 2000 mk1 que continha 32 elementos de liga não ferrosa. Durante este ensaio, foi registada a queda de uma faísca sobre o metal e a composição química.

# CAPÍTULO 5

## RESULTADOS E ANÁLISE

### 5.1  Introdução

Com base nos modelos matemáticos desenvolvidos para prever a geometria do cordão de soldadura e as relações de forma, o efeito dos parâmetros de soldadura individuais e os seus efeitos de interação bidirecional na largura da soldadura, profundidade de penetração, altura do reforço, diluição, microdureza, composição química do cordão de soldadura, por exemplo Cr, Mn, Ni, Mg, Cu, foram estudados e discutidos neste capítulo. Os efeitos principais e os efeitos de interação das variáveis de entrada nas várias respostas foram visualizados nas Fig. 5.1 a 5.83. O efeito de várias variáveis de entrada na geometria do cordão de soldadura, na diluição, na microdureza e na composição química e os respectivos modelos com figuras são apresentados neste capítulo.

A análise é o fator mais importante para compreender os resultados. Todas as respostas e respectivos valores são analisados.

*Tabela 5. 1 Valor final de todas as respostas com o respetivo parâmetro*

| Std | Largura do cordão (mm) | Penetração (mm) | Reforço (mm) | Diluição (%) | Avg. Microdureza (VHN) | % Cr na soldadura | % Ni na soldadura | % Mn na soldadura | %Mg na soldadura | % Cu na soldadura |
|---|---|---|---|---|---|---|---|---|---|---|
| 1 | 10.79 | 3.47 | 3.2 | 59.268 | 53.564 | 0.041 | 0.02 | 0.036 | 1.99 | 0.056 |
| 2 | 12.1 | 3.5 | 3.14 | 48.174 | 50.091 | 0.035 | 0.02 | 0.045 | 2.1 | 0.075 |
| 3 | 14.72 | 3.64 | 4.15 | 45.291 | 50.4 | 0.041 | 0.0241 | 0.045 | 2.15 | 0.067 |
| 4 | 15.5 | 2.64 | 4.36 | 34.865 | 49.573 | 0.041 | 0.013 | 0.042 | 2.29 | 0.069 |
| 5 | 10.5 | 4.7 | 3.64 | 23.73 | 53.5 | 0.01 | 0.01 | 0.056 | 1.89 | 0.041 |
| 6 | 15 | 3.57 | 2.97 | 50.079 | 52 | 0.036 | 0.016 | 0.061 | 2.44 | 0.058 |
| 7 | 12.2 | 3.21 | 3.86 | 40.085 | 60.345 | 0.02 | 0.02 | 0.078 | 2.51 | 0.056 |
| 8 | 14.14 | 2.12 | 3.5 | 20.507 | 56.027 | 0.045 | 0.02 | 0.122 | 1.96 | 0.047 |
| 9 | 13.86 | 4.43 | 3.07 | 56.635 | 50.645 | 0.032 | 0.01 | 0.061 | 1.91 | 0.045 |
| 10 | 12.79 | 3.93 | 3.29 | 57.53 | 52.127 | 0.42 | 0.021 | 0.134 | 1.89 | 0.053 |
| 11 | 16.72 | 4.29 | 4.6 | 48.931 | 50.764 | 0.036 | 0.023 | 0.12 | 2.2 | 0.04 |
| 12 | 14.43 | 5.03 | 3.43 | 56.846 | 60.1 | 0.03 | 0.02 | 0.099 | 2.52 | 0.036 |
| 13 | 11.57 | 2.41 | 3.5 | 21.374 | 57.091 | 0.042 | 0.036 | 0.056 | 2.29 | 0.075 |
| 14 | 12.07 | 3.29 | 2.98 | 54.991 | 65.209 | 0.045 | 0.02 | 0.063 | 1.56 | 0.058 |
| 15 | 11.14 | 2.57 | 2.71 | 40.895 | 54.109 | 0.02 | 0.015 | 0.036 | 2.23 | 0.058 |
| 16 | 16.22 | 4.36 | 3.36 | 51.702 | 48.345 | 0.056 | 0.01 | 0.045 | 2.52 | 0.069 |
| 17 | 11.51 | 3.22 | 4 | 28.1 | 56.3 | 0.025 | 0.016 | 0.045 | 1.78 | 0.042 |
| 18 | 14.65 | 3.09 | 3.65 | 38.069 | 59.909 | 0.026 | 0.01 | 0.0859 | 1.89 | 0.052 |
| 19 | 11.9 | 3.78 | 3.4 | 31.781 | 53.273 | 0.026 | 0.02 | 0.069 | 2.1 | 0.069 |
| 20 | 12.5 | 3.49 | 4.5 | 22.494 | 52.482 | 0.009 | 0.019 | 0.089 | 2.75 | 0.059 |
| 21 | 15 | 4 | 3.29 | 77.7 | 50.909 | 0.086 | 0.02 | 0.054 | 1.36 | 0.045 |

| 22 | 11 | 2.93 | 2.58 | 50.118 | 57.536 | 0.041 | 0.018 | 0.049 | 1.47 | 0.056 |
| 23 | 13.93 | 2.93 | 4.1 | 34.602 | 48.736 | 0.041 | 0.02 | 0.069 | 2.82 | 0.065 |
| 24 | 14.22 | 3.71 | 3.65 | 50.5 | 54.5 | 0.045 | 0.024 | 0.086 | 2.69 | 0.058 |
| 25 | 12.64 | 2.71 | 4.2 | 14.051 | 54.691 | 0.02 | 0.02 | 0.057 | 1.96 | 0.051 |
| 26 | 11.8 | 2.36 | 4.9 | 17.57 | 50.627 | 0.069 | 0.024 | 0.069 | 2.5 | 0.056 |
| 27 | 13.5 | 2.54 | 4 | 25.3 | 52.3 | 0.042 | 0.02 | 0.062 | 1.89 | 0.042 |
| 28 | 13.64 | 2.72 | 4.3 | 24.8 | 53.1 | 0.032 | 0.021 | 0.056 | 1.89 | 0.05 |
| 29 | 12 | 2.4 | 4.1 | 21.218 | 52.8 | 0.015 | 0.02 | 0.064 | 1.92 | 0.047 |
| 30 | 13.15 | 2.5 | 4 | 26.3 | 53.1 | 0.01 | 0.02 | 0.069 | 1.85 | 0.045 |
| 31 | 11.64 | 2.29 | 4 | 28.155 | 51.527 | 0.021 | 0.021 | 0.056 | 1.92 | 0.045 |
| 32 | 12.08 | 2.71 | 3.8 | 27.1 | 54.118 | 0.02 | 0.019 | 0.052 | 1.95 | 0.042 |

## 5. 2 Análise da largura do cordão

Ao aplicar a ferramenta de peritos em conceção para a técnica de conceção rotativa composta central, obtêm-se os seguintes resultados. Apenas as respostas significativas são apresentadas nos resultados da tabela.

*Tabela 5. 2 Tabela ANOVA para a resposta Largura do cordão [Design Expert 9].*

| Resposta-1 | Largura da conta | | | | |
|---|---|---|---|---|---|
| **ANOVA para o modelo Quadrático Reduzido da Superfície de Resposta** | | | | | |
| **Quadro de análise de variância [Soma parcial de quadrados - Tipo III]** | | | | | |
| **Fonte** | **Soma de quadrados** | **df** | **Quadrado médio** | **Valor F** | **valor de p<br>Prob>F** | |
| Modelo | 72. 63 | 18 | 4. 04 | 167. 44 | < 0. 0001 | significativo |
| Tensão A | 14. 95 | 1 | 14. 95 | 620. 24 | < 0. 0001 | significativo |
| B-WFS | 13. 8 | 1 | 13. 8 | 572. 72 | < 0. 0001 | significativo |
| C-Velocidade de soldadura | 14. 7 | 1 | 14. 7 | 609. 8 | < 0. 0001 | significativo |
| D-NPD | 0. 14 | 1 | 0. 14 | 5. 98 | 0. 0294 | significativo |
| Fluxo de gás eletrónico | 1. 11 | 1 | 1. 11 | 46. 04 | < 0. 0001 | significativo |
| AB | 0. 33 | 1 | 0. 33 | 13. 72 | 0. 0026 | significativo |
| AC | 7. 18 | 1 | 7. 18 | 298.04 | < 0. 0001 | significativo |
| AD | 6. 38 | 1 | 6. 38 | 264.57 | < 0. 0001 | significativo |
| AE | 0. 62 | 1 | 0. 62 | 25. 57 | 0. 0002 | significativo |
| BC | 2. 36 | 1 | 2. 36 | 97. 77 | < 0. 0001 | significativo |
| BD | 0. 24 | 1 | 0. 24 | 9. 96 | 0. 0076 | significativo |
| SER | 2. 04 | 1 | 2. 04 | 84. 86 | < 0. 0001 | significativo |
| CD | 0. 82 | 1 | 0. 82 | 33. 99 | < 0. 0001 | significativo |

| CE | 3. 59 | 1 | 3. 59 | 149.01 | < 0. 0001 | significativo |
| DE | 2. 02 | 1 | 2. 02 | 83. 67 | < 0. 0001 | significativo |
| $B^2$ | 0. 18 | 1 | 0. 18 | 7. 48 | 0. 017 | significativo |
| $C^2$ | 0. 15 | 1 | 0. 15 | 6. 11 | 0.0281 | significativo |
| $D^2$ | 2. 19 | 1 | 2. 19 | 90. 98 | < 0. 0001 | |
| **R² 0. 9957** | | **Adj-R² 0. 9897** | | **C. V. % 1. 16** | | **PRESS-4. 61** |
| **Adeq Precision 51. 53** | | | | | | |

*Significativo a p<0. 05, df: Grau de liberdade,*

*Tabela 5. 3 Resultado da ANOVA para a largura do cordão*

**Resultados**

| Residual | 0. 31 | 13 | 0. 024 | | | |
|---|---|---|---|---|---|---|
| Falta de ajuste | 0. 22 | 8 | 0. 027 | 1. 44 | 0. 3588 | não significativo |
| Erro puro | 0. 095 | 5 | 0. 019 | | | |
| Cor Total | 72. 94 | 31 | | | | |

O modelo quadrático obtido da análise de regressão para a largura do cordão de soldadura em termos dos níveis codificados das variáveis foi derivado como

Modelo final para a largura do talão em forma codificada = +73 +0. 79 A +0. 76 B -0. 78 C +0. 078 D +0. 21 E -0. 14 AB +0. 067 AC-0. 63 AD +0. 2 AE-0. 38 BC +0. 12 BD +0. 36 BE -0. 23 CD +0. 47 CE +0. 36 DE +0. 078 B² +0. 07 C² +0. 27 D²

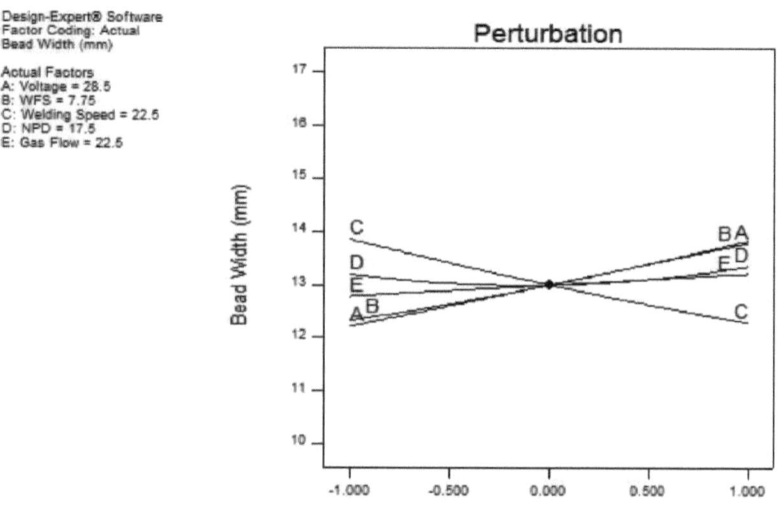


*Figura 5. 1 Efeito da variável de entrada na largura do cordão*

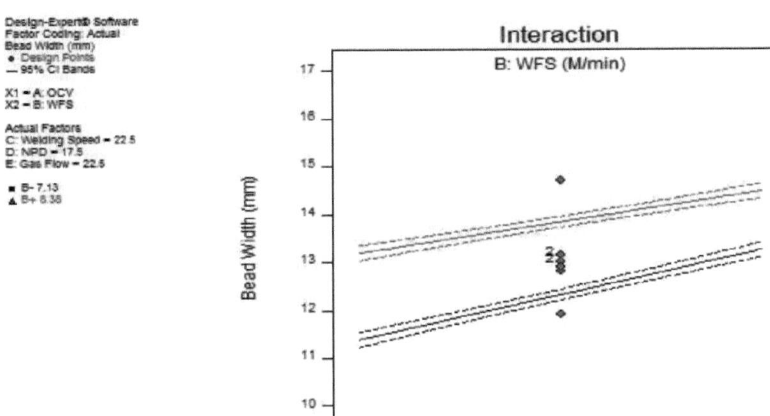


*Figura 5. 2 Efeitos de interação de A e B na largura do cordão*

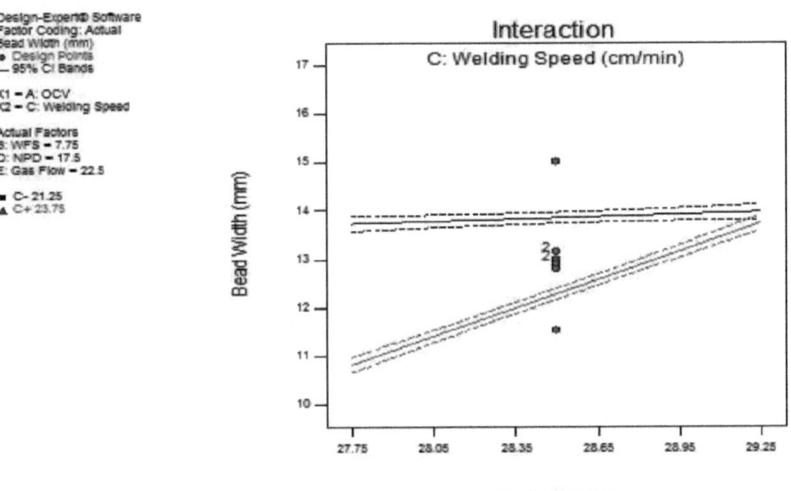


*Figura 5.3 Efeitos de interação de A e C na largura do cordão*

41

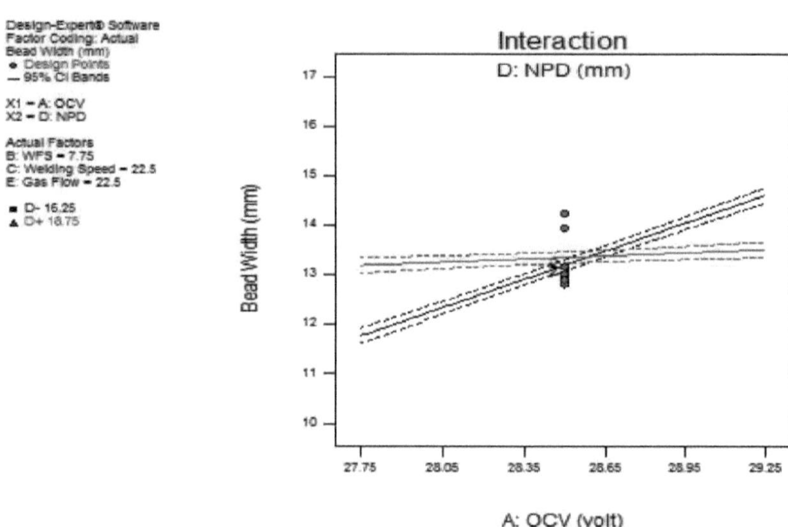



*Figura 5. 4 Efeitos de interação de A e D na largura do cordão*

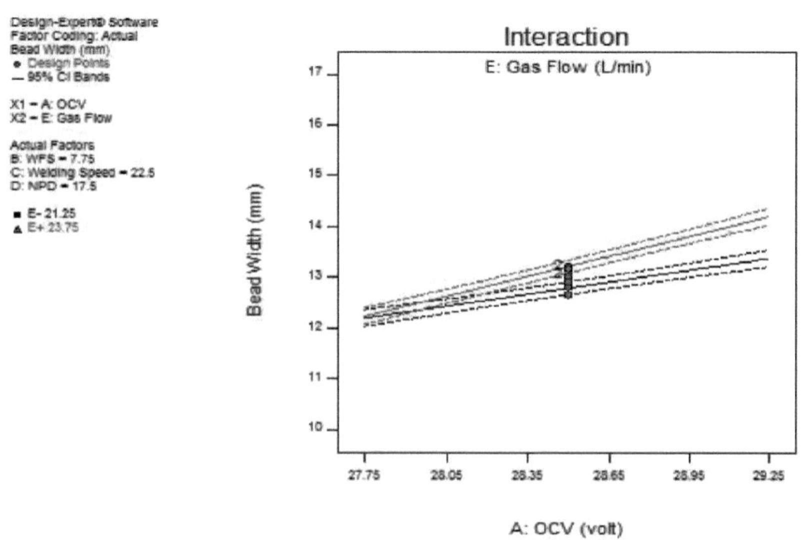



*Figura 5. 5 Efeitos de interação de A e E na largura do cordão*

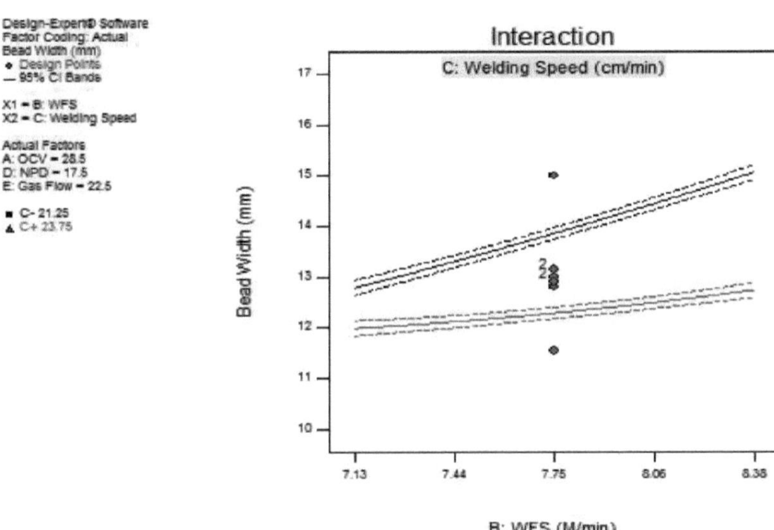



*Figura 5. 6 Efeitos de interação de B e C na largura do cordão*

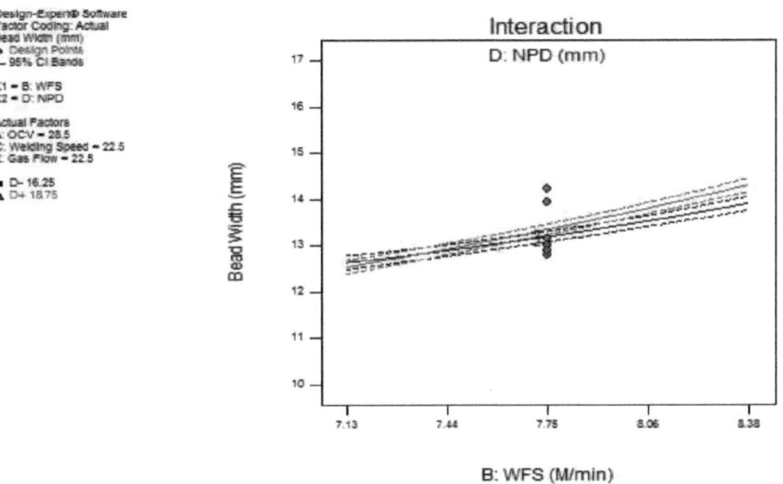



*Figura 5. 7 Efeitos de interação de B e D na largura do cordão*

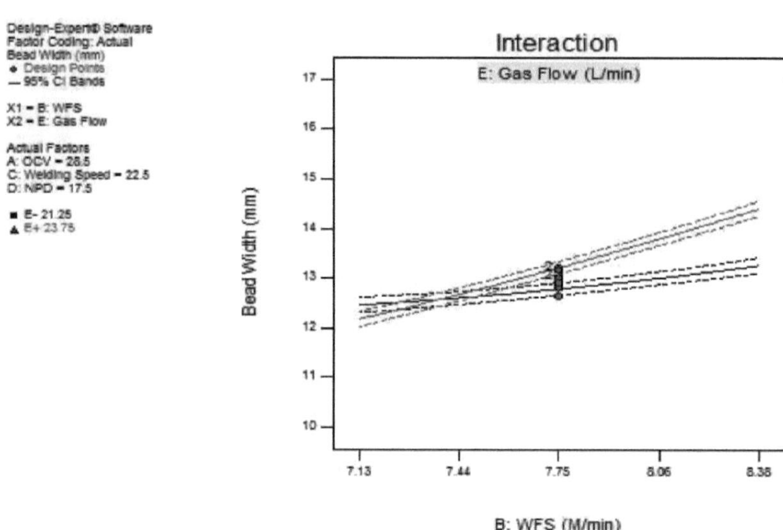


*Figura 5. 8 Efeitos de interação de B e E na largura do cordão*

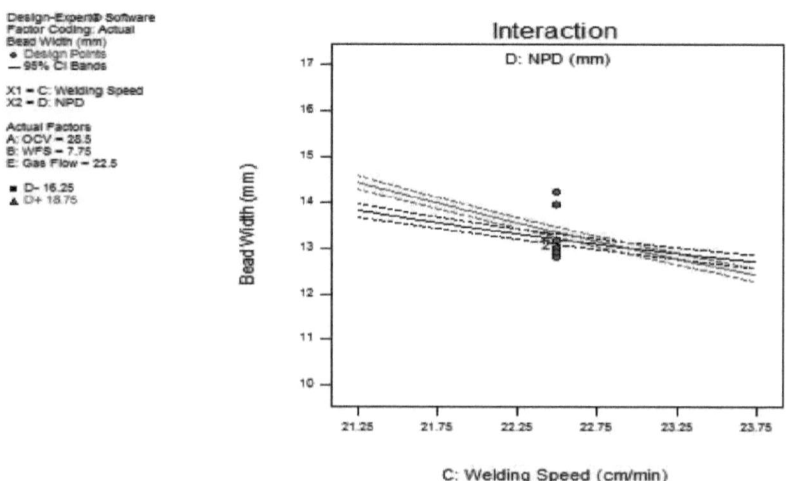


*Figura 5. 9 Efeitos de interação de C e D na largura do cordão*

44

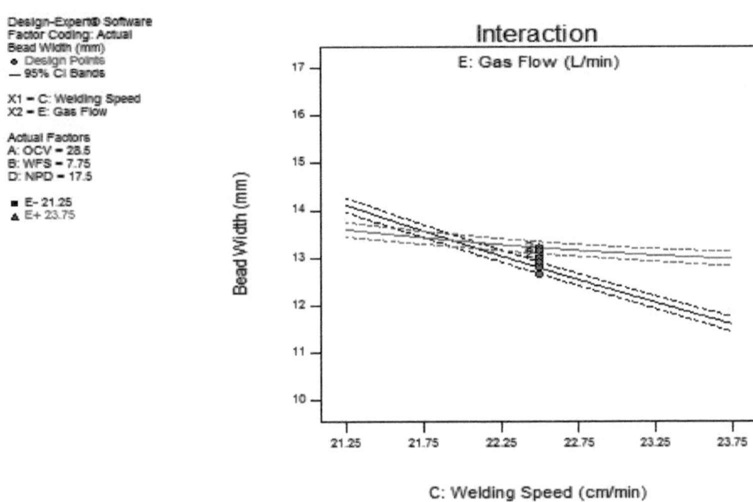


*Figura 5. 10 Efeitos de interação de C e E na largura do cordão*

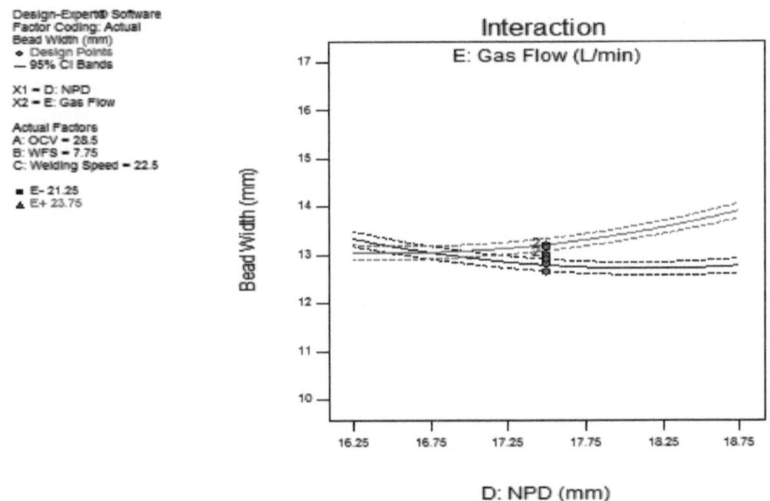


*Figura 5. 11 Efeitos de interação de D e E na largura do cordão*

45

## 5. 2 Análise da penetração

Aplicando a ferramenta especializada de conceção para a técnica de conceção rotativa composta central, obtêm-se os seguintes resultados. Apenas as respostas significativas são apresentadas nos resultados da tabela.

*Tabela 5. 4 ANOVA para a resposta à penetração do cordão [Design Expert 9].*

| Resposta-2 | Penetração de pérolas | | | | | |
|---|---|---|---|---|---|---|
| **ANOVA para o modelo Quadrático Reduzido da Superfície de Resposta** | | | | | | |
| **Quadro de análise de variância [Soma parcial de quadrados - Tipo III]** | | | | | | |
| **Fonte** | **Soma de quadrados** | **df** | **Quadrado médio** | **F Valor** | **valor de p Pro>F** | |
| Modelo | 17. 88 | 17 | 1. 05 | 33. 35 | < 0. 0001 | significativo |
| Tensão A | 0. 012 | 1 | 0. 012 | 0. 39 | 0. 5448 | significativo |
| B-WFS | 0. 17 | 1 | 0. 17 | 5. 39 | 0.0359 | significativo |
| C-Velocidade de soldadura | 1. 95 | 1 | 1. 95 | 61. 79 | < 0. 0001 | significativo |
| D-NPD | 1. 05 | 1 | 1. 05 | 33. 28 | < 0. 0001 | significativo |
| Fluxo de gás eletrónico | 0. 18 | 1 | 0. 18 | 5. 82 | 0. 0301 | significativo |
| AC | 0. 087 | 1 | 0. 087 | 2. 76 | 0. 119 | significativo |
| AD | 2. 33 | 1 | 2. 33 | 73. 71 | < 0. 0001 | significativo |
| AE | 0. 4 | 1 | 0. 4 | 12. 58 | 0. 0032 | significativo |
| BC | 0. 25 | 1 | 0. 25 | 7. 77 | 0. 0146 | significativo |
| BD | 2. 12 | 1 | 2. 12 | 67. 1 | < 0. 0001 | significativo |
| SER | 0. 85 | 1 | 0. 85 | 26. 83 | 0. 0001 | significativo |
| CD | 1. 82 | 1 | 1. 82 | 57. 77 | < 0. 0001 | significativo |
| CE | 0. 62 | 1 | 0. 62 | 19. 53 | 0. 0006 | significativo |
| $A^2$ | 1. 03 | 1 | 1. 03 | 32. 51 | < 0. 0001 | significativo |
| $B^2$ | 2. 77 | 1 | 2. 77 | 87. 87 | < 0. 0001 | significativo |
| $C^2$ | 2. 06 | 1 | 2. 06 | 65. 18 | < 0. 0001 | significativo |
| $D^2$ | 1. 53 | 1 | 1. 53 | 48. 5 | < 0. 0001 | significativo |
| **$R^2$ 0. 9758** | | **Adj-$R^2$ 0. 9466** | | **C. V. % 5. 43** | | **IMPRIMIR 3. 72** |
| **Adeq Precision 22. 30** | | | | | | |

*Significativo a p<0. 05, df: Grau de liberdade*

*Tabela 5. 5 Resultado da ANOVA para a penetração do cordão*

| Resultados | | | | | |
|---|---|---|---|---|---|
| Residual | 0. 44 | 14 | 0. 032 | | |
| Falta de ajuste | 0. 3 | 9 | 0. 033 | 1. 15 | 0. 4632 | não significativo |

| Erro puro | 0. 14 | 5 | 0. 029 |
| --- | --- | --- | --- |
| Cor Total | 18. 33 | 31 | |

O modelo quadrático obtido da análise de regressão para a penetração do cordão de soldadura em termos de níveis codificados das variáveis foi derivado como

*Modelo final de penetração em forma de código +2. 53 -0. 023 A -0. 084 B -0. 29 C +0. 21 D -0. 087E +0. 074 AC +0. 38 AD +0. 16 AE -0. 12 BC +0. 36 BD +0. 23 BE -0. 34 CD +0. 2 CE +0. 19 A² +0. 31 B² +0. 26 C² +0. 23 D²*

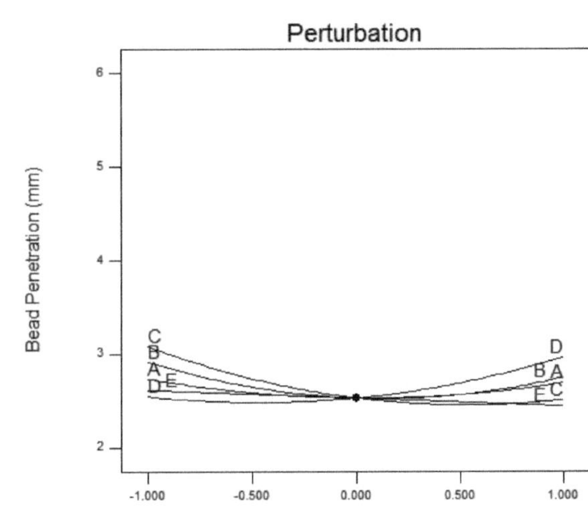



*Figura 5. 12 Efeito das variáveis de entrada na penetração do cordão*

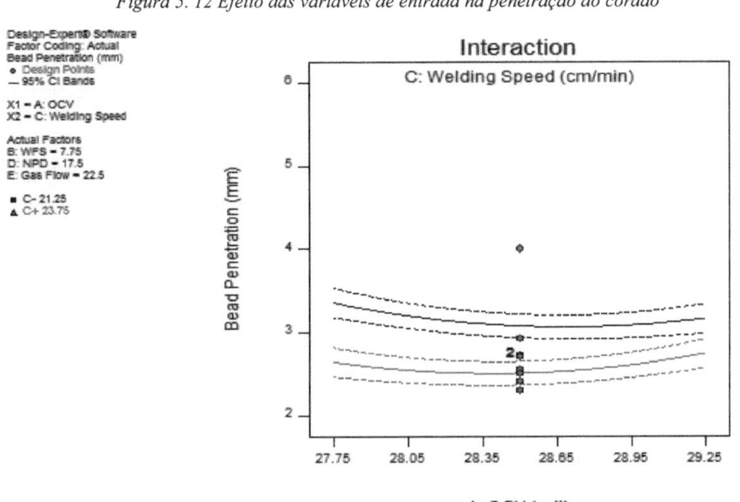



*Figura 5. 13 Efeitos de interação de A e C na penetração*

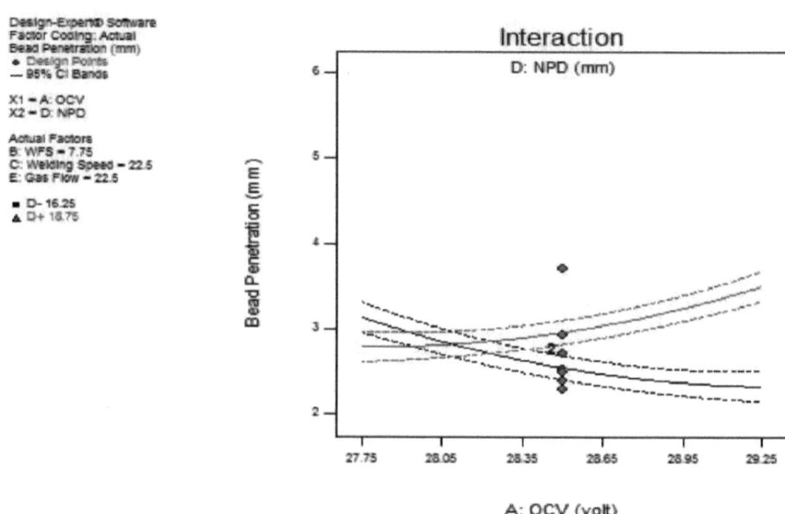

*Figura 5. 14 Efeitos de interação de A e D na Penetração*

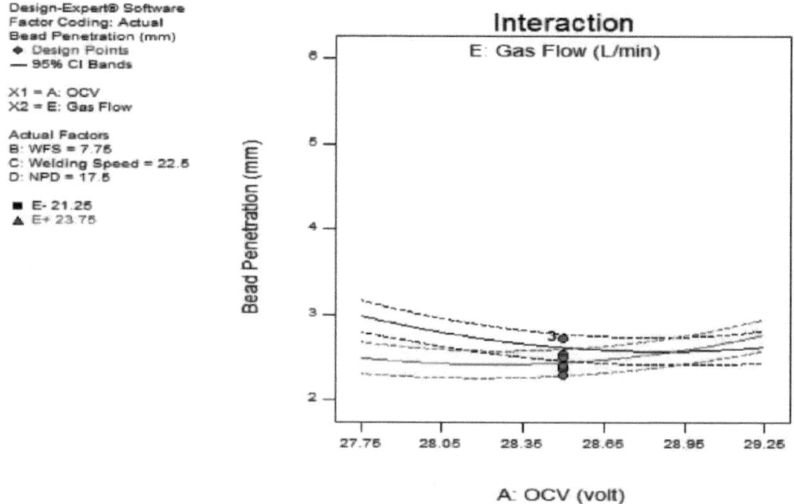

*Figura 5.15 Efeitos de interação de A e E na Penetração*

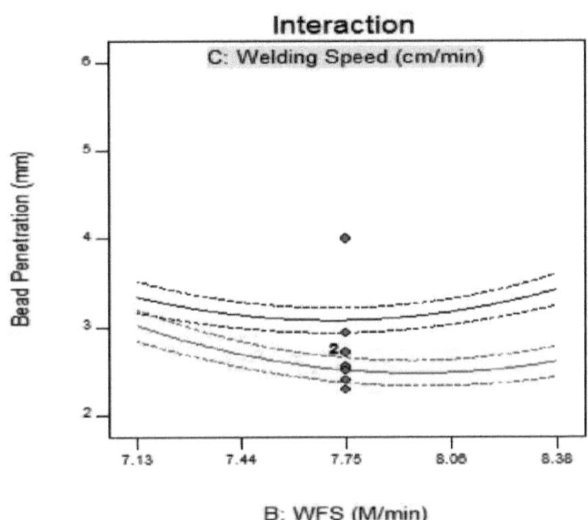


*Figura 5.16 Efeitos de interação de B e C na Penetração*

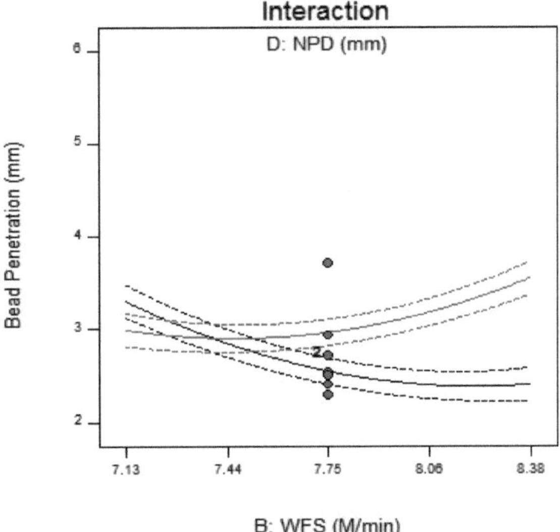


*Figura 5.17 Efeitos de interação de B e D na Penetração*

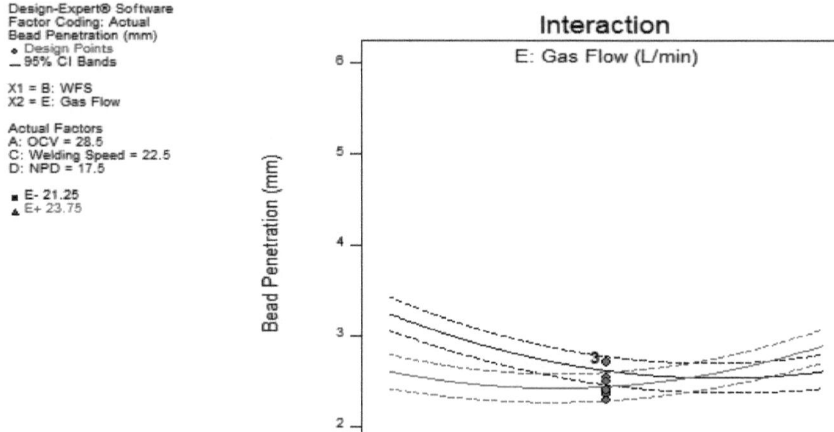


*Figura 5.18 Efeitos de interação de B e E na Penetração*

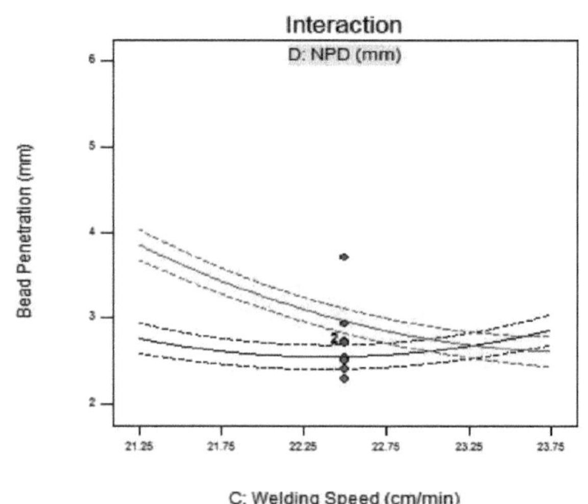


*Figura 5.19 Efeitos de interação de C e D na Penetração*

50

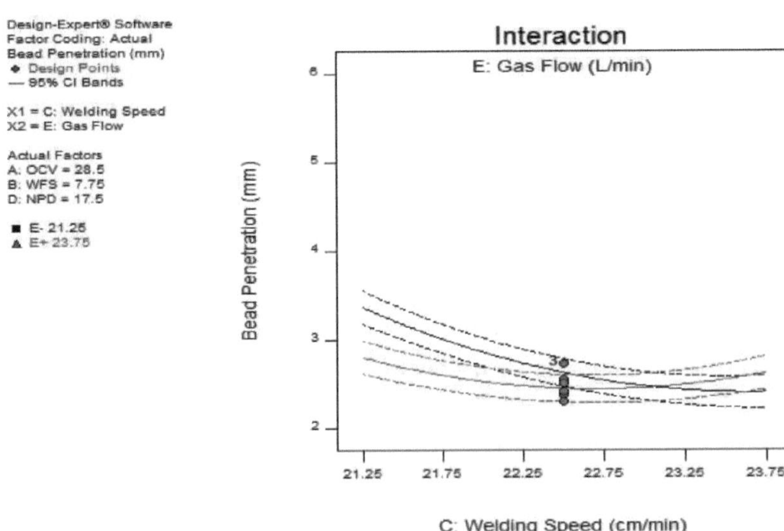


*Figura 5.20 Efeitos de interação de C e E na Penetração*

## 5. 3 Análise do reforço

Aplicando a ferramenta especializada de conceção para a técnica de conceção rotativa composta central, obtêm-se os seguintes resultados. Apenas as respostas significativas são apresentadas nos resultados da tabela.

*Tabela 5. 6 ANOVA para a resposta do reforço do cordão [Design Expert 9].*

| Resposta-3 | Reforço do cordão | | | | | |
|---|---|---|---|---|---|---|
| ANOVA para o modelo Quadrático Reduzido da Superfície de Resposta | | | | | | |
| Quadro de análise de variância [Soma parcial de quadrados - Tipo III] | | | | | | |
| Fonte | Soma de quadrados | df | Quadrado médio | Valor F | p-valor Prob>F | |
| Modelo | 8. 57 | 13 | 0. 66 | 23. 47 | < 0. 0001 | significativo |
| Tensão A | 0. 24 | 1 | 0. 24 | 8. 54 | 0. 0091 | significativo |
| B-WFS | 1. 7 | 1 | 1. 7 | 60. 35 | < 0. 0001 | significativo |
| C-Velocidade de soldadura | 0. 71 | 1 | 0. 71 | 25. 41 | < 0. 0001 | significativo |
| D-NPD | 0. 32 | 1 | 0. 32 | 11. 46 | 0. 0033 | significativo |
| Fluxo de gás eletrónico | 0. 41 | 1 | 0. 41 | 14. 43 | 0. 0013 | significativo |
| BC | 0. 77 | 1 | 0. 77 | 27. 25 | < 0. 0001 | significativo |
| BD | 0. 17 | 1 | 0. 17 | 6. 13 | 0.0235 | significativo |
| SER | 0. 32 | 1 | 0. 32 | 11. 36 | 0.0034 | significativo |

| DE | 0. 42 | 1 | 0. 42 | 15. 04 | 0. 0011 | significativo |
| $A^2$ | 0. 33 | 1 | 0. 33 | 11. 59 | 0. 0032 | significativo |
| $B^2$ | 0. 16 | 1 | 0. 16 | 5. 72 | 0. 0279 | significativo |
| $C^2$ | 3. 17 | 1 | 3. 17 | 112. 74 | < 0. 0001 | significativo |
| $D^2$ | 0. 25 | 1 | 0. 25 | 8. 99 | 0. 0077 | significativo |

| $R^2$ 0. 9442 | | Adj-$R^2$ 0,9040 | | C. V. % 4. 54 | | IMPRIMIR 1. 68 |
| --- | --- | --- | --- | --- | --- | --- |
| **Adeq Precision 18. 28** | | | | | | |

*Significativo a p<0. 05, df: Grau de liberdade,*

*Tabela 5. 7 Resultado da ANOVA para o reforço do cordão*

| **Resultados** | | | | | |
| --- | --- | --- | --- | --- | --- |
| Residual | 0. 51 | 18 | 0. 028 | | |
| Falta de ajuste | 0. 43 | 13 | 0. 033 | 2. 27 | 0. 1877 | não significativo |
| Erro puro | 0. 073 | 5 | 0. 015 | | |
| Cor Total | 9. 08 | 31 | | | |

O modelo quadrático obtido da análise de regressão para o reforço de cordões de soldadura em termos de níveis codificados das variáveis foi derivado como

*Modelo final para o reforço com pérolas em formato codificado=+4. 14 -0. 1A +0. 27 B -0. 17 C -0. 12 D +0.1 3E -0. 22 BC -0. 1 BD +0. 14 BE +0. 16 DE -0. 1 $A^2$ -0. 074 $B^2$ -0. 33 $C^2$ -0. 093 $D^2$*

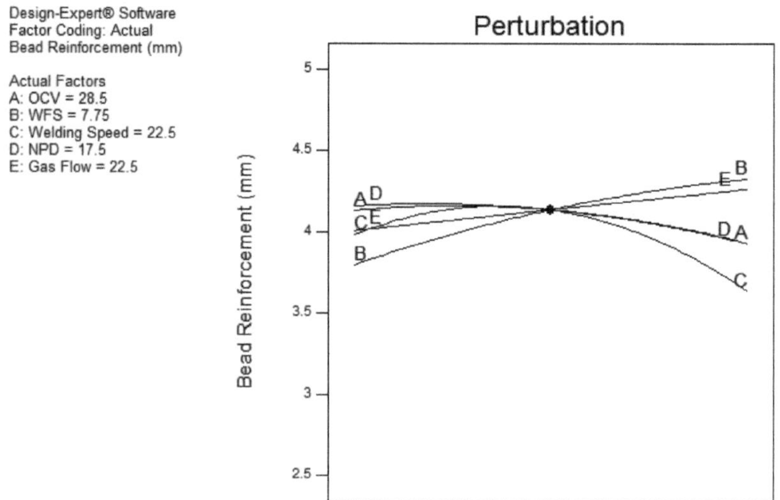


*Figura 5.21 Efeito das variáveis de entrada no reforço de esferas*

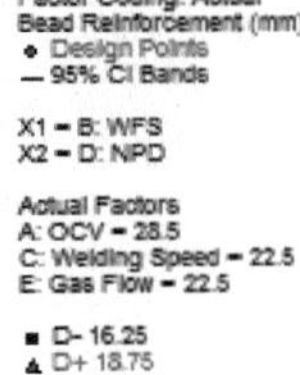

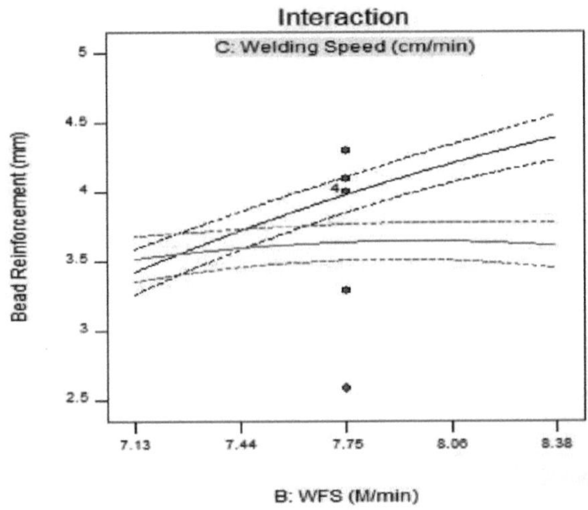


*Figura 5.22 Efeitos de interação de B e C no reforço*

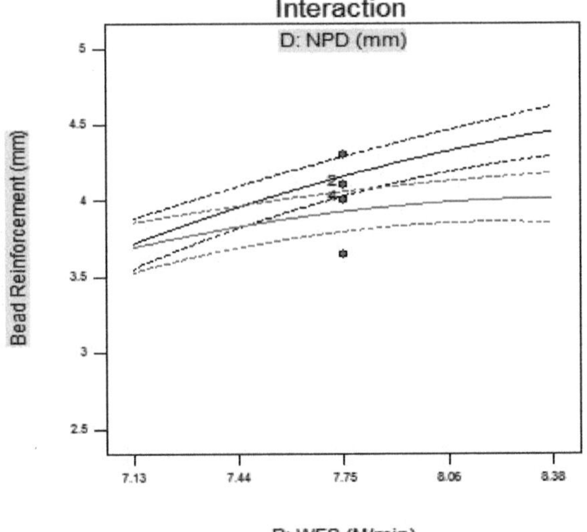


*Figura 5.23 Efeitos de interação de B e D no reforço*

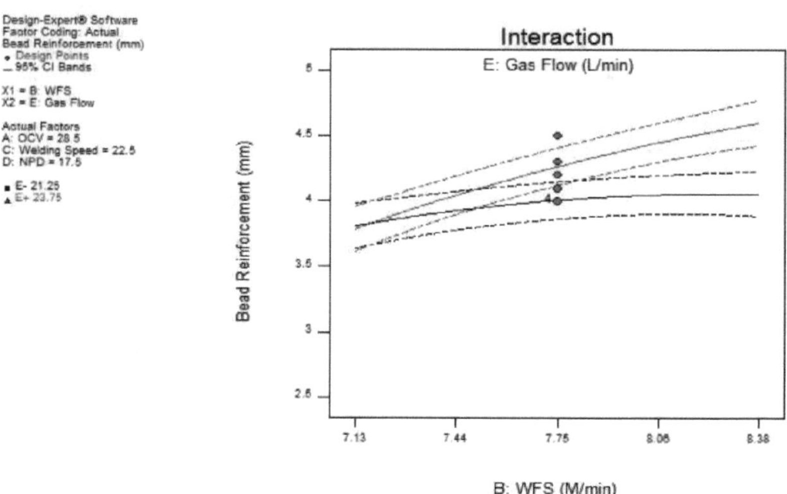


*Figura 5.24 Efeitos de interação de B e E no reforço*

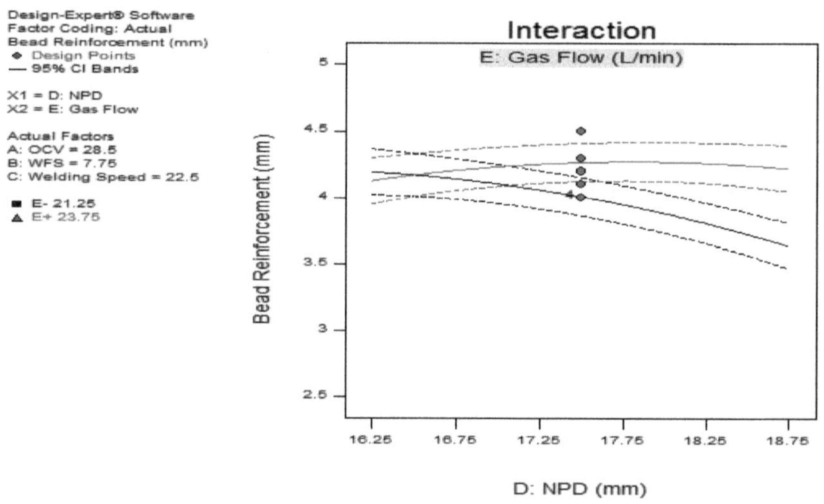


*Figura 5.25 Efeitos de interação de D e E no reforço*

## 5. 4 Análise da diluição

Aplicando a ferramenta especializada de conceção para a técnica de conceção rotativa composta central, obtêm-se os seguintes resultados. Apenas as respostas significativas são apresentadas nos resultados da tabela.

*Tabela 5. 8 Tabela ANOVA para a resposta à diluição [Design Expert 9].*

| Resposta 4 | Diluição |
|---|---|
| **ANOVA para o modelo Quadrático Reduzido da Superfície de Resposta** | |

| Tabela de análise de variância | | | Soma parcial de quadrados - Tipo III]. | | | |
|---|---|---|---|---|---|---|
| Fonte | Soma dos quadrados | df | Quadrado médio | F Valor | valor de p Prob>F | |
| Modelo | 6932.06 | 14 | 495.15 | 34. 71 | < 0. 0001 | significativo |
| Tensão A | 142. 22 | 1 | 142. 22 | 9. 97 | 0. 0057 | significativo |
| B-WFS | 109. 37 | 1 | 109. 37 | 7. 67 | 0. 0131 | significativo |
| Velocidade da soldadura C | 1057.88 | 1 | 1057. 88 | 74. 17 | < 0. 0001 | significativo |
| D-NPD | 405. 91 | 1 | 405. 91 | 28. 46 | < 0. 0001 | significativo |
| Fluxo de gás eletrónico | 71. 64 | 1 | 71. 64 | 5. 02 | 0. 0387 | significativo |
| AB | 232. 93 | 1 | 232. 93 | 16. 33 | 0. 0008 | significativo |
| AC | 255. 26 | 1 | 255. 26 | 17. 9 | 0. 0006 | significativo |
| AD | 288. 86 | 1 | 288. 86 | 20. 25 | 0. 0003 | significativo |
| BC | 93. 55 | 1 | 93. 55 | 6. 56 | 0. 0202 | significativo |
| BD | 146. 09 | 1 | 146. 09 | 10. 24 | 0.0052 | significativo |
| DE | 365. 05 | 1 | 365. 05 | 25. 59 | < 0. 0001 | significativo |
| $A^2$ | 200. 46 | 1 | 200. 46 | 14. 05 | 0. 0016 | significativo |
| $C^2$ | 3154.56 | 1 | 3154.56 | 221. 17 | < 0. 0001 | significativo |
| $D^2$ | 732. 19 | 1 | 732.19 | 51. 33 | < 0. 0001 | significativo |
| **$R^2$ 0. 9662** | | **Adj-$R^2$ 0,9383** | | **C. V. % 9. 76** | | **IMPRENSA 1085. 92** |
| **Adeq Precision 23. 20** | | | | | | |

*Significativo a p<0. 05, df: Grau de liberdade,*

*Quadro 5.9 Resultado da ANOVA para a diluição*

| Resultado | | | | | |
|---|---|---|---|---|---|
| Residual | 242. 48 | 17 | 14. 26 | | |
| Falta de ajuste | 213.37 | 12 | 17. 78 | 3. 05 | 0. 1131 | não significativo |
| Erro puro | 29. 11 | 5 | 5. 82 | | |
| Cor Total | 7174.53 | 31 | | | |

O modelo quadrático obtido da análise de regressão para o reforço de cordões de soldadura em termos de níveis codificados das variáveis foi derivado como

*Modelo final de diluição em forma codificada = +25. 28 +2. 43 A -2. 13 B -6. 64 C +4. 11 D +1. 73 E - 3. 82AB +3. 99 AC +4. 25 AD +2. 42 BC +3. 02 BD -4. 78 DE +2. 6 A² +10. 3 C² +4. 96 D²*

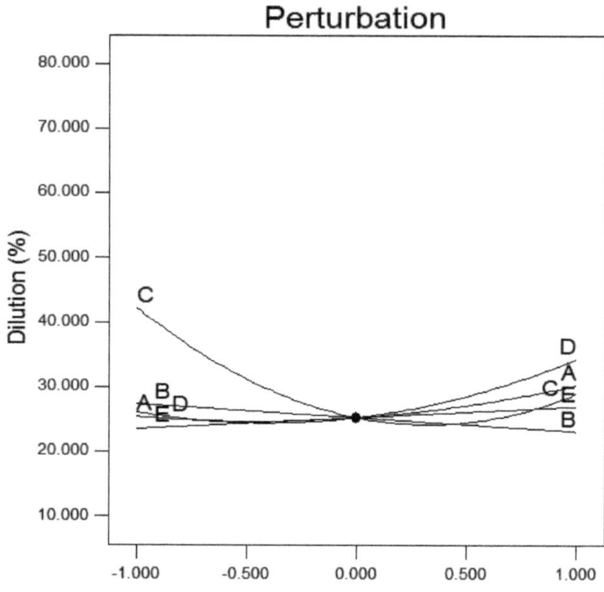


*Figura 5.26 Efeito das variáveis de entrada na diluição*

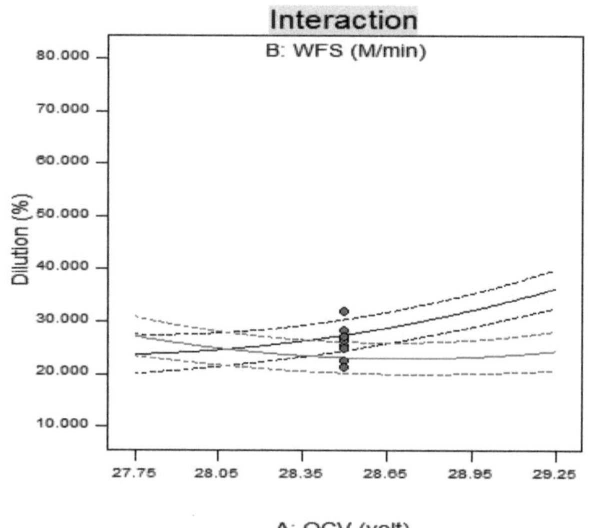


*Figura 5.27Efeitos da interação de A e B na diluição*

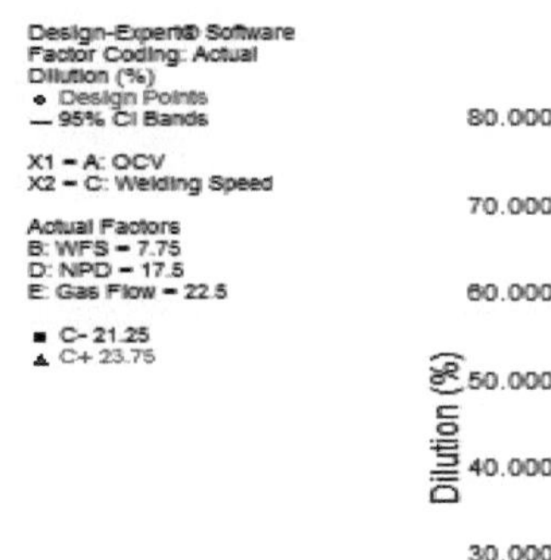
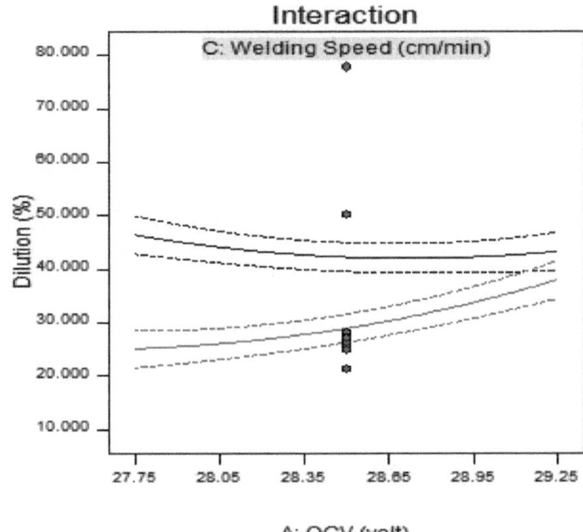



*Figura 5.28 Efeitos de interação de A e C na diluição*

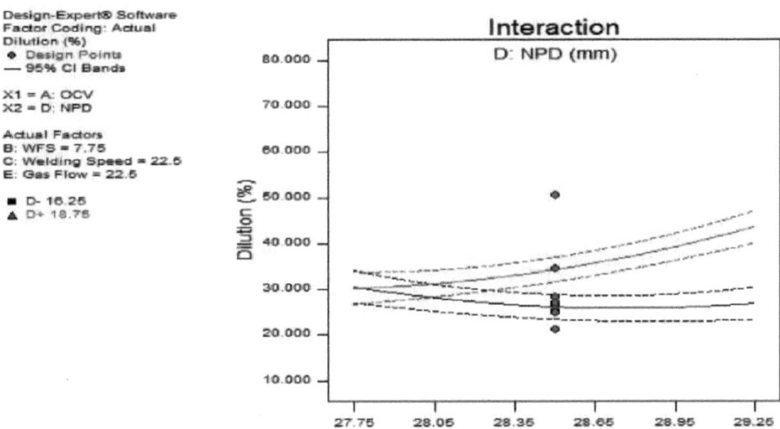



*Figura 5.29 Efeitos de interação de A e D na diluição*

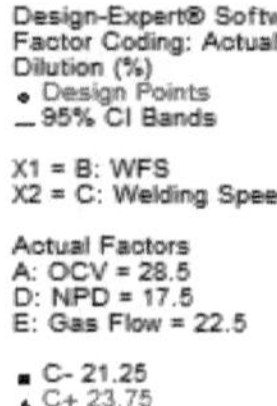

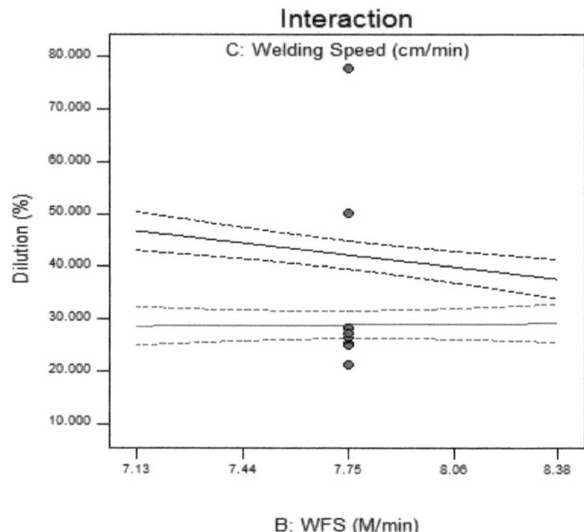


*Figura 5.30 Efeitos de interação de B e C na diluição*

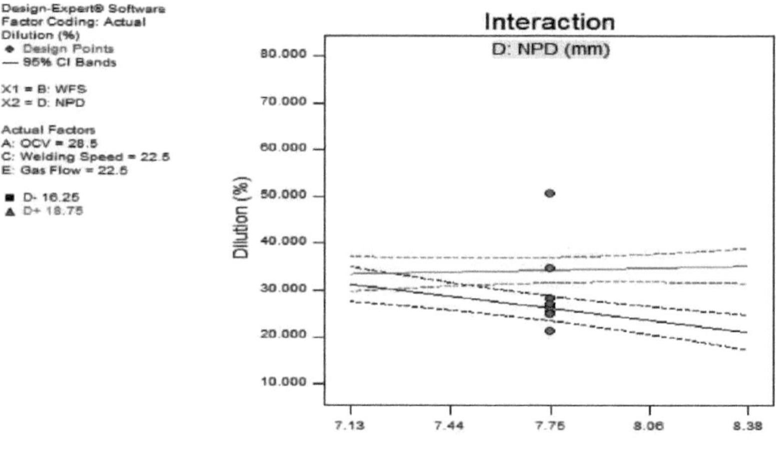


*Figura 5.31 Efeitos de interação de B e D na diluição*

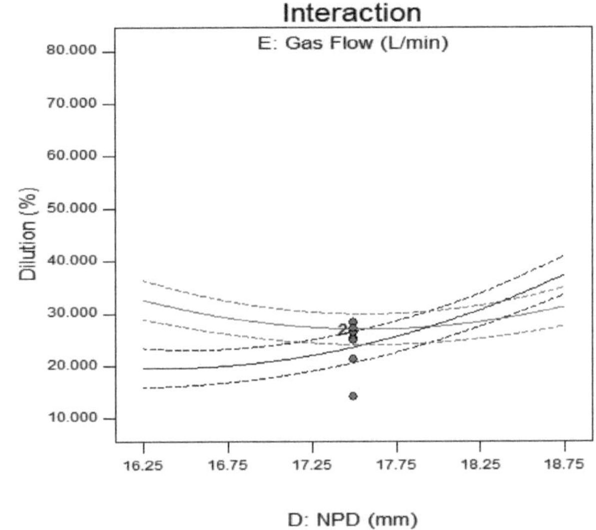


*Figura 5.32 Efeitos de interação de D e E na diluição*

## 5.5 Análise da microdureza

Aplicando a ferramenta especializada de conceção para a técnica de conceção rotativa composta central, obtêm-se os seguintes resultados. Apenas as respostas significativas são apresentadas nos resultados da tabela.

*Tabela 5. 10 ANOVA para a resposta de microdureza [Design Expert 9].*

| Resposta-5 | Microdureza | | | | | |
|---|---|---|---|---|---|---|
| ANOVA para o modelo Quadrático Reduzido da Superfície de Resposta | | | | | | |
| Quadro de análise de variância [Soma parcial de quadrados - Tipo III] | | | | | | |
| Fonte | Soma dos quadrados | Df | Quadrado médio | Valor F | p-valor Prob>F | |
| Modelo | 418. 74 | 13 | 32. 21 | 26. 51 | < 0. 0001 | significativo |
| Tensão A | 4. 4 | 1 | 4. 4 | 3. 62 | 0. 0733 | significativo |
| B-WFS | 1. 57 | 1 | 1. 57 | 1. 3 | 0. 27 | significativo |
| Velocidade da soldadura C | 75. 68 | 1 | 75. 68 | 62. 28 | < 0. 0001 | significativo |
| D-NPD | 21. 13 | 1 | 21. 13 | 17. 39 | 0. 0006 | significativo |
| Fluxo de gás eletrónico | 24. 81 | 1 | 24. 81 | 20. 42 | 0. 0003 | significativo |
| AC | 6. 23 | 1 | 6. 23 | 5. 12 | 0. 0362 | significativo |
| AD | 33. 9 | 1 | 33. 9 | 27. 9 | < 0. 0001 | significativo |
| AE | 112.84 | 1 | 112.84 | 92. 87 | < 0. 0001 | significativo |

| | | | | | |
|---|---|---|---|---|---|
| BC | 11. 19 | 1 | 11. 19 | 9. 21 | 0. 0071 | significativo |
| BD | 22. 43 | 1 | 22. 43 | 18. 46 | 0. 0004 | significativo |
| DE | 46. 24 | 1 | 46. 24 | 38. 05 | < 0. 0001 | significativo |
| $A^2$ | 49. 67 | 1 | 49. 67 | 40. 88 | < 0. 0001 | significativo |
| $D^2$ | 6. 07 | 1 | 6. 07 | 4. 99 | 0. 0384 | significativo |
| **$R^2$ 0. 9504** | | **Adj-$R^2$ 0. 9145** | | **C. V. % 2. 05** | **IMPRENSA 106. 02** |
| **Adeq Precision 22. 13** | | | | | |

*Significativo a p<0. 05, df: Grau de liberdade,*

Tabela 5. 11 Resultado da ANOVA para a microdureza

| **Resultado** | | | | | |
|---|---|---|---|---|---|
| Residual | 21. 87 | 18 | 1. 22 | | | |
| Falta de ajuste | 18. 09 | 13 | 1. 39 | 1. 84 | 0. 2598 | não significativo |
| Erro puro | 3. 78 | 5 | 0. 76 | | | |
| Cor Total | 440. 61 | 31 | | | | |

O modelo quadrático obtido da análise de regressão para a microdureza da soldadura em termos dos níveis codificados das variáveis foi derivado como

*Modelo final para Microdureza em forma codificada = +53. 08 +0. 43 A -0. 26 B +1. 78 C +0. 94 D -1. 02 E -0. 62AC +1. 46 AD -2. 66 AE -0. 84 BC -1. 18 BD -1. 7 DE +1. 29 $A^2$ -0. 45 $D^2$*

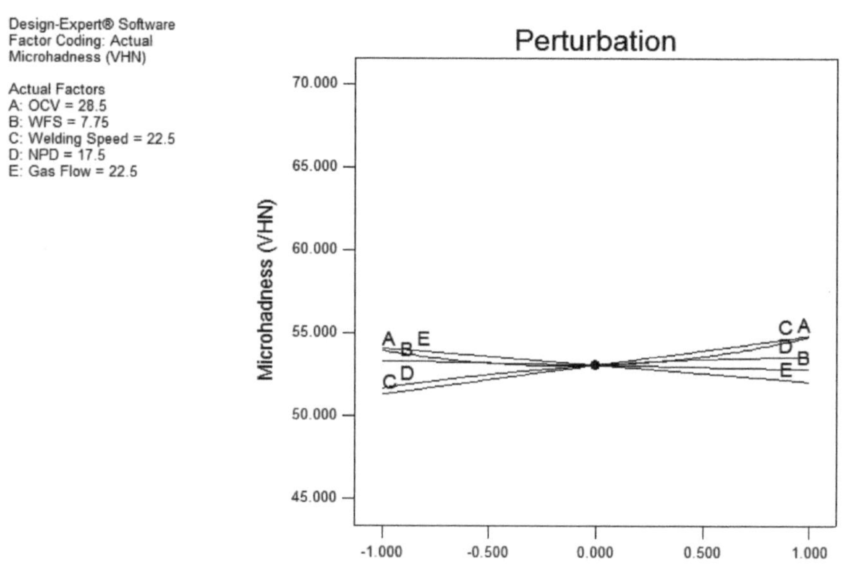


*Figura 5.33 Efeito das variáveis de entrada na microdureza*

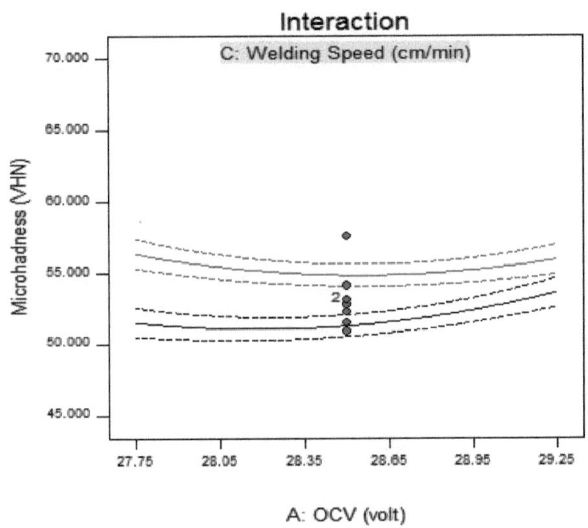


*Figura 5.34 Efeitos de interação de A e C na microdureza*

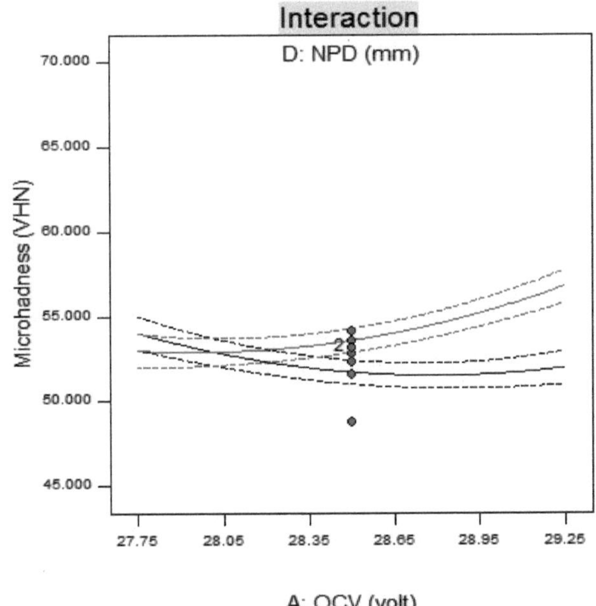


*Figura 5.35 Efeitos de interação de A e D na microdureza*

61

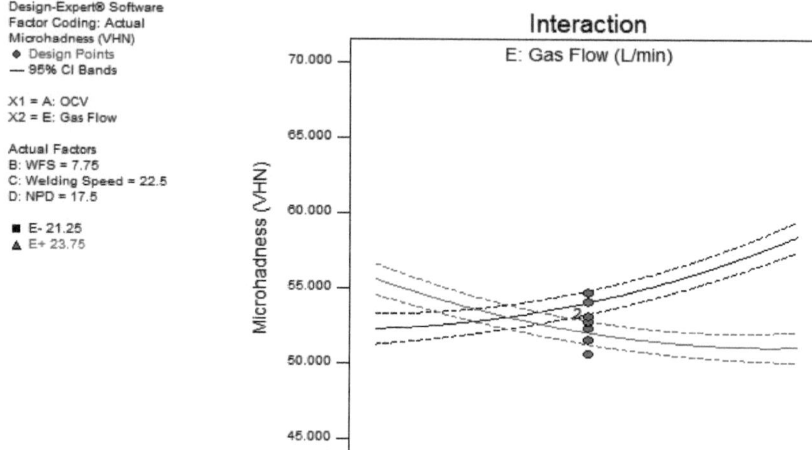


*Figura 5.36 Efeitos de interação de A e E na microdureza*

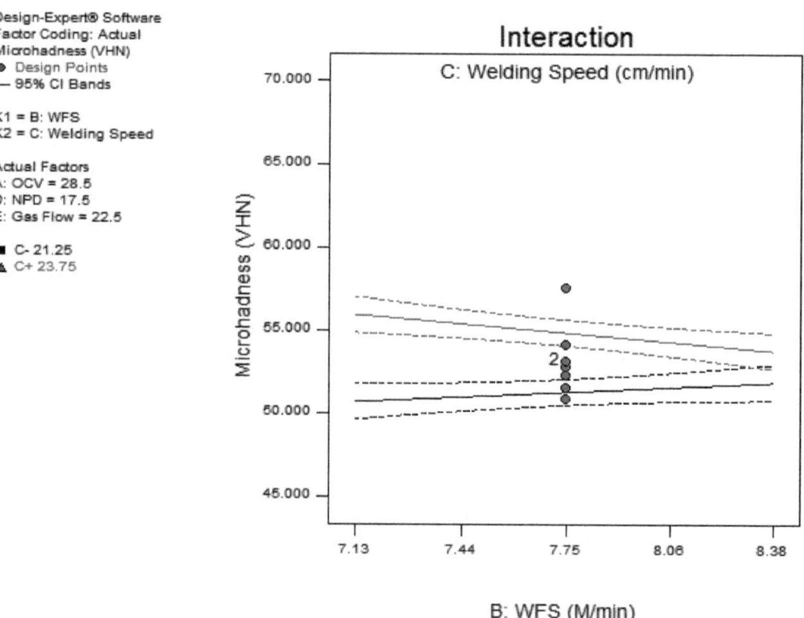


*Figura 5.37Efeitos da interação de B e C na microdureza*

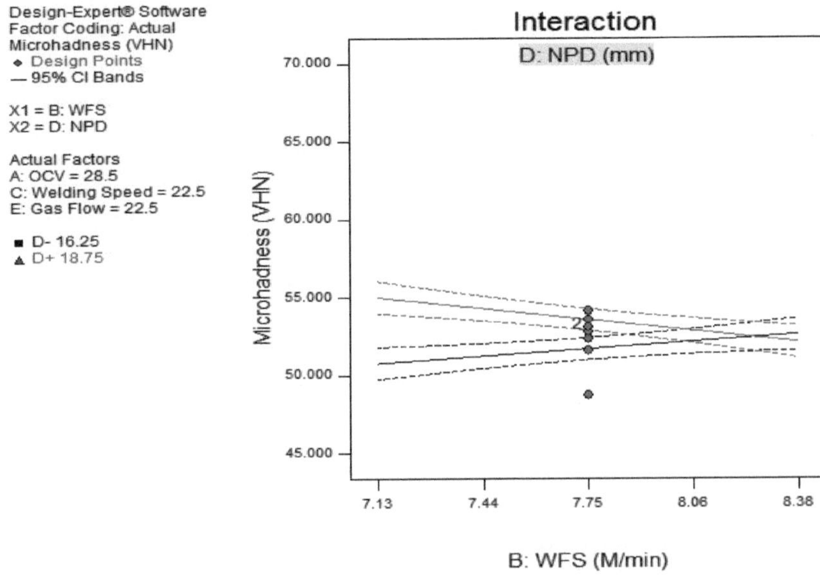


*Figura 5.38 Efeitos de interação de B e D na microdureza*

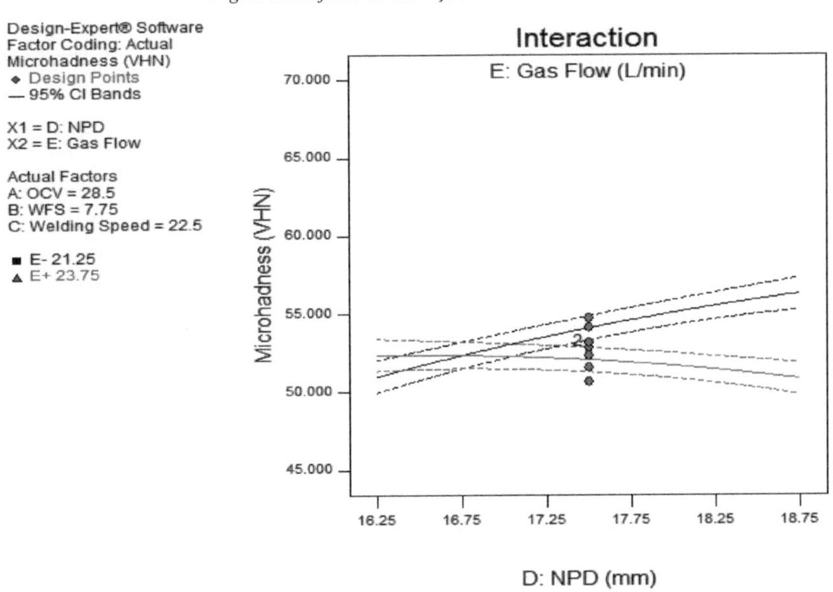


*Figura 5.39 Efeitos de interação de D e E na microdureza*

## 5. 6 Análise do teor de crómio

Aplicando a ferramenta especializada de conceção para a técnica de conceção rotativa composta central, obtêm-se os seguintes resultados. Apenas as respostas significativas são apresentadas nos resultados da tabela.

Tabela 5. 12 Tabela ANOVA para % de teor de crómio [Design Expert 9].

| Resposta-6 | | | % do teor de Cr | | | |
|---|---|---|---|---|---|---|
| **ANOVA para o modelo Quadrático Reduzido da Superfície de Resposta** | | | | | | |
| **Quadro de análise de variância [Soma parcial de quadrados - Tipo III]** | | | | | | |
| Fonte | Soma de quadrados | df | Quadrado médio | F Valor | valor de p Prob>F | |
| Modelo | 0. 15 | 17 | 8. 76E-03 | 20. 79 | < 0. 0001 | significativo |
| Tensão A | 0. 01 | 1 | 0. 01 | 23. 75 | 0. 0002 | significativo |
| B-WFS | 0. 011 | 1 | 0. 011 | 26. 54 | 0. 0001 | significativo |
| Velocidade da soldadura C | 0. 012 | 1 | 0. 012 | 27. 37 | 0. 0001 | significativo |
| D-NPD | 7. 78E-03 | 1 | 7. 78E-03 | 18. 46 | 0. 0007 | significativo |
| Fluxo de gás eletrónico | 9. 05E-03 | 1 | 9. 05E-03 | 21. 48 | 0. 0004 | significativo |
| AB | 7. 31E-03 | 1 | 7. 31E-03 | 17. 35 | 0. 001 | significativo |
| AC | 5. 63E-03 | 1 | 5. 63E-03 | 13. 35 | 0. 0026 | significativo |
| AD | 0. 012 | 1 | 0. 012 | 28. 99 | < 0. 0001 | significativo |
| AE | 0. 011 | 1 | 0. 011 | 27. 18 | 0. 0001 | significativo |
| BC | 6. 48E-03 | 1 | 6. 48E-03 | 15. 38 | 0. 0015 | significativo |
| BD | 0. 01 | 1 | 0. 01 | 24. 7 | 0. 0002 | significativo |
| SER | 9. 31E-03 | 1 | 9. 31E-03 | 22. 11 | 0.0003 | significativo |
| CD | 6. 48E-03 | 1 | 6. 48E-03 | 15. 38 | 0.0015 | significativo |
| CE | 9. 03E-03 | 1 | 9. 03E-03 | 21. 43 | 0. 0004 | significativo |
| DE | 0. 015 | 1 | 0. 015 | 35. 05 | < 0. 0001 | significativo |
| $C^2$ | 4. 37E-03 | 1 | 4. 37E-03 | 10. 36 | 0. 0062 | significativo |
| $D^2$ | 2. 33E-03 | 1 | 2. 33E-03 | 5. 54 | 0. 0337 | significativo |
| **$R^2$ 0. 9619** | | **Adj-$R^2$ 0. 9156** | **C. V. % 3** | **8. 63** | **PRESSIONAR 0. 08** | |
| **Adeq Precision 26. 24** | | | | | | |

*Significativo a p<0. 05, df: Grau de liberdade,*

Tabela 5. 13 Resultado da ANOVA para a % do teor de crómio

| Resultado | | | | | |
|---|---|---|---|---|---|
| Residual | 5. 90E-03 | 14 | 4. 21E-04 | | |
| Falta de ajuste | 5. 21E-03 | 9 | 5. 79E-04 | 4. 21 | 0. 0639   não significativo |
| Erro puro | 6. 87E-04 | 5 | 1. 38E-04 | | |
| Cor Total | 0. 15 | 31 | | | |

O modelo quadrático obtido da análise de regressão para o crómio da soldadura em termos de níveis codificados das variáveis foi derivado como

*Modelo final para o crómio em forma de código = + 0. 037 +0. 02 A -0. 022 B -0. 022 C +0. 018 D +0. 019 E -0. 021 AB -0. 019 AC +0. 028 AD +0. 027 AE +0. 02 BC -0. 025 BD -0. 024 BE - 0. 02 CD -0. 024 CE +0. 03 DE +0. 012 C² +8. 84E-03 D²*

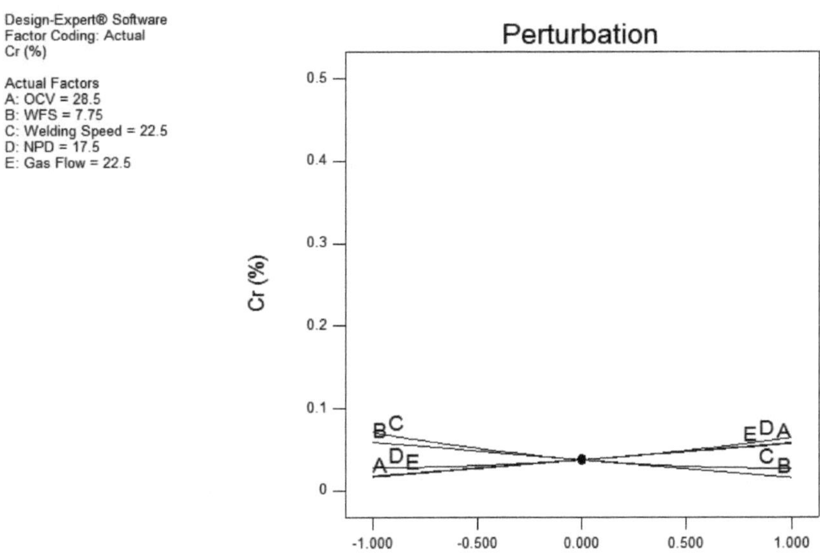

*Figura 5.40 Efeito das variáveis de entrada na % do teor de crómio na soldadura*

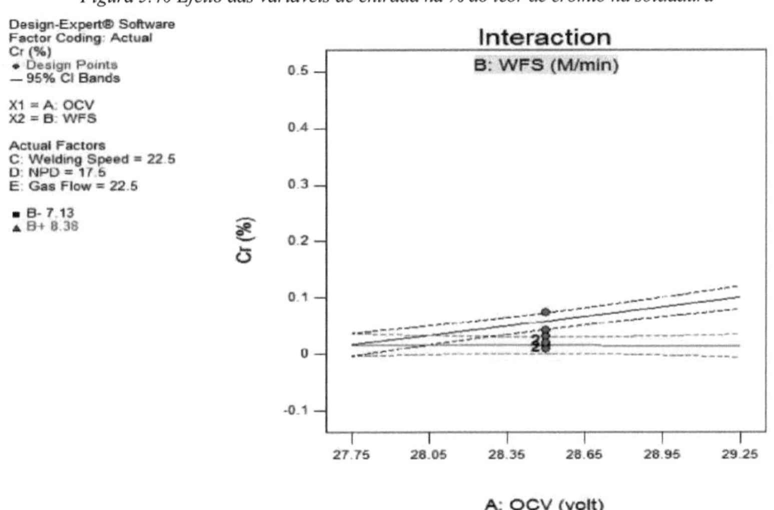

*Figura 5.41 Efeitos de interação de A e B na percentagem de crómio na soldadura*

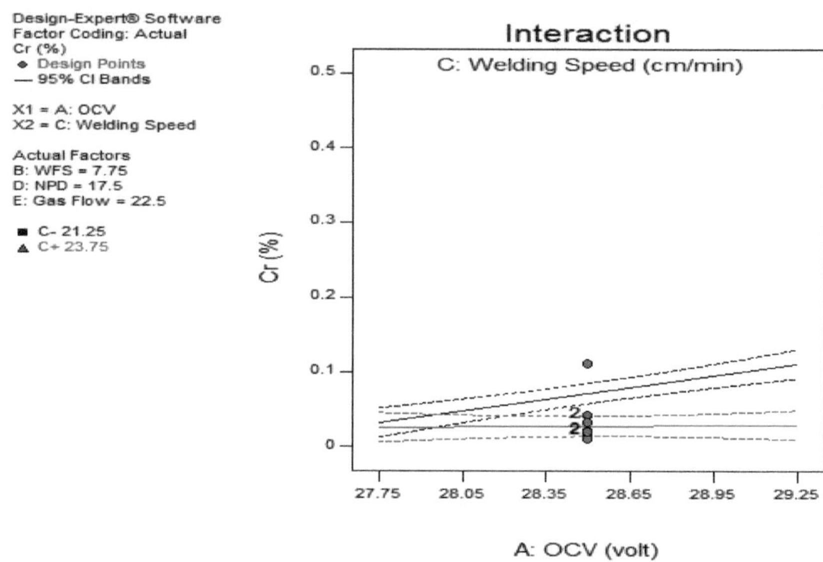



*Figura 5.42 Efeitos de interação de A e C na % de teor de crómio na soldadura*

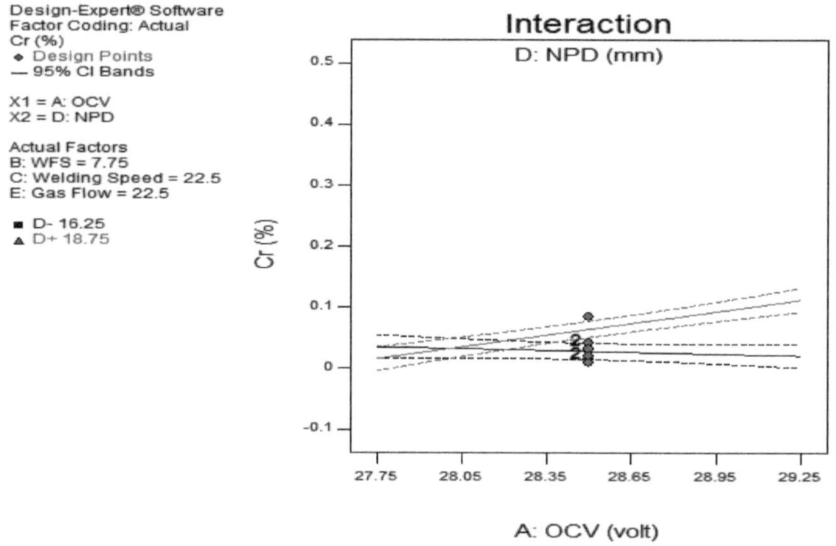



*Figura 5.43 Efeitos de interação de A e D na % de teor de crómio na soldadura*

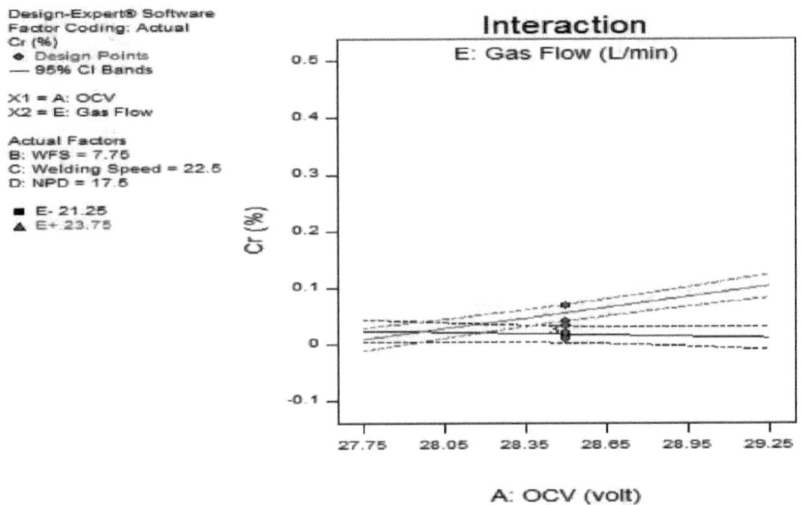

*Figura 5.44 Efeitos de interação de A e E na % de teor de crómio na soldadura*

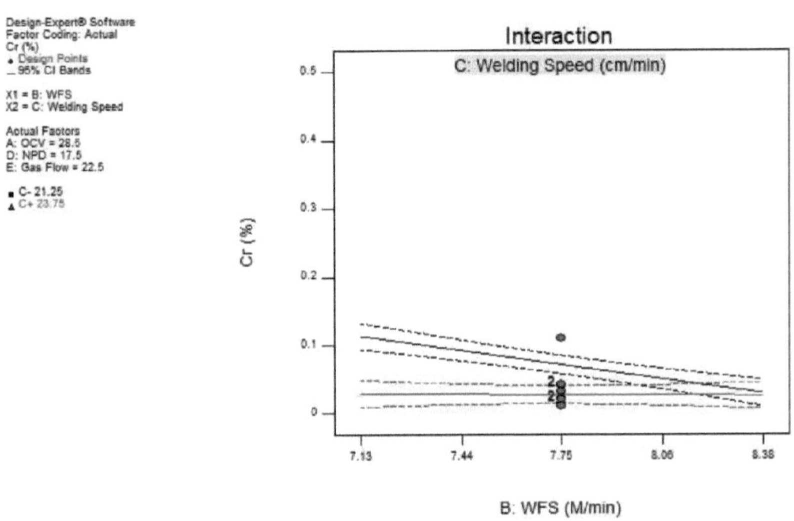

*Figura 5.45 Efeitos de interação de B e C na % de teor de crómio na soldadura*

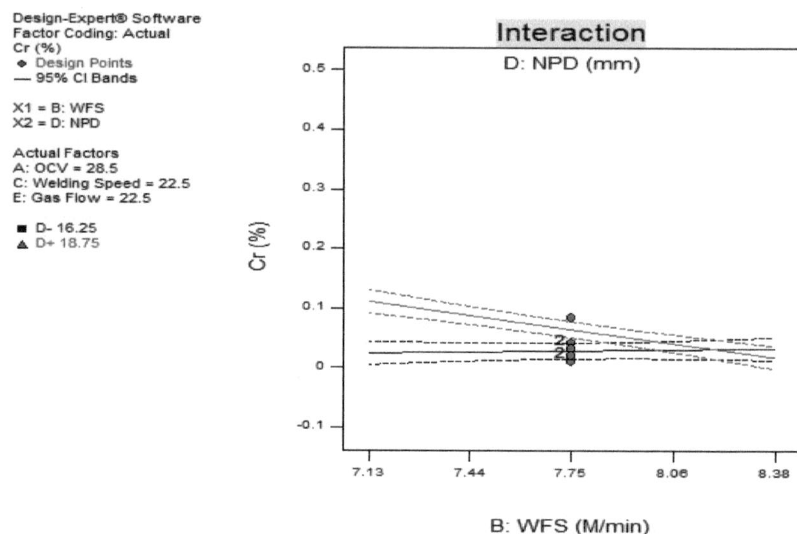


*Figura 5.46 Efeitos de interação de B e D na % de teor de crómio na soldadura*

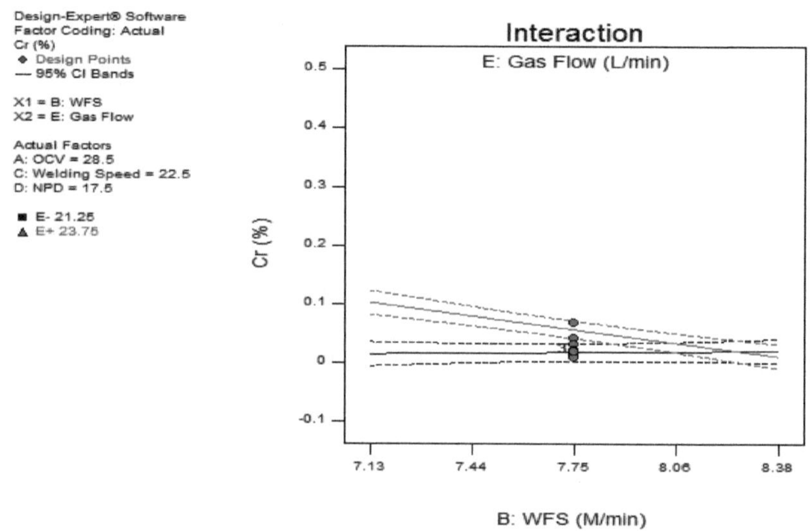


*Figura 5.47 Efeito de interação de B e E na % de teor de crómio na soldadura*

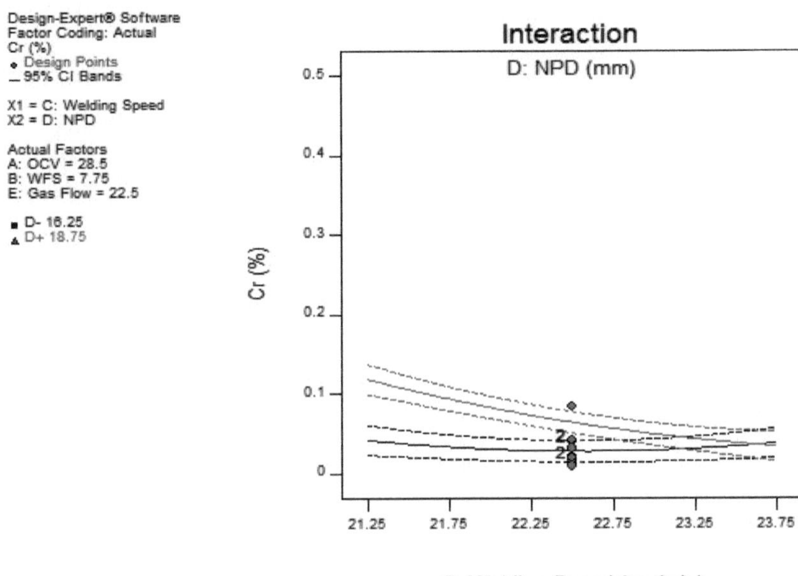


*Figura 5.48 Efeitos de interação de C e D na % de teor de crómio na soldadura*

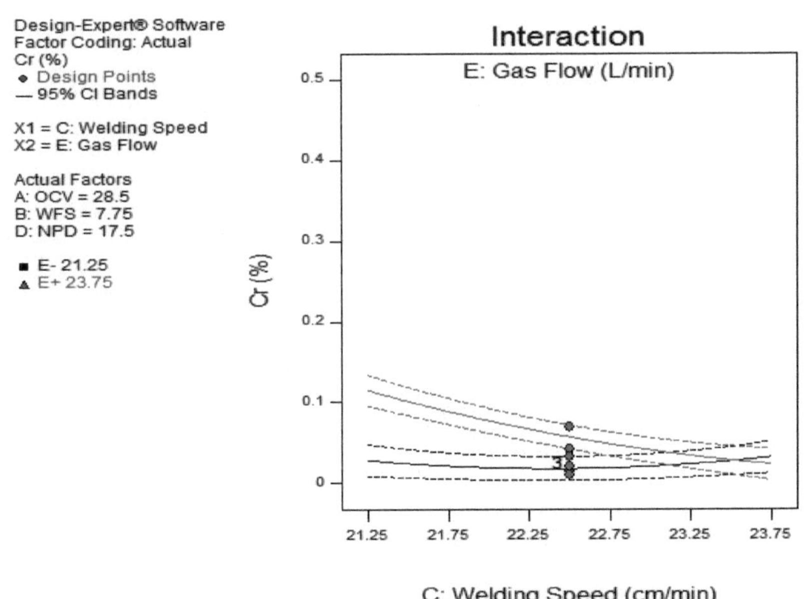


*Figura 5.49 Efeitos de interação de C e E na % de teor de crómio na soldadura*

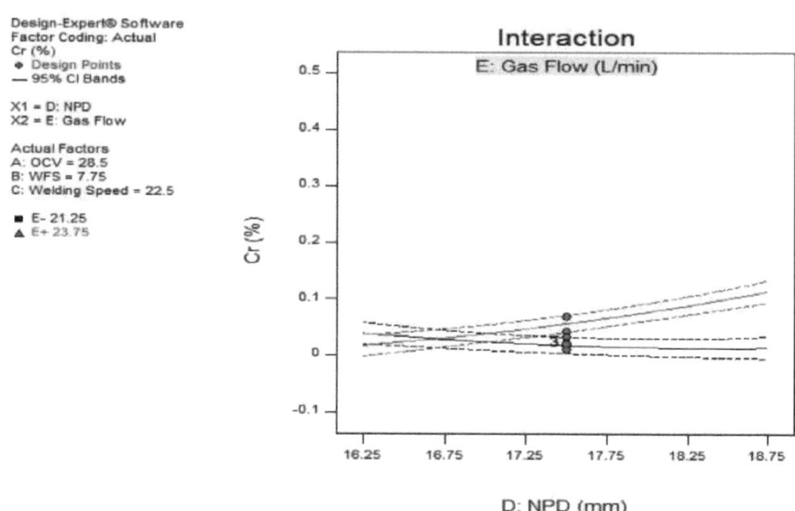


*Figura 5.50 Efeitos de interação de D e E na % de teor de crómio na soldadura*

## 5.7 Análise da percentagem do teor de níquel

Aplicando a ferramenta especializada de conceção para a técnica de conceção rotativa composta central, obtêm-se os seguintes resultados. Apenas as respostas significativas são apresentadas nos resultados da tabela.

*Tabela 5.14 Tabela ANOVA para % de teor de níquel [Design Expert 9].*

| Resposta-7 | % do teor de Ni | | | | | |
|---|---|---|---|---|---|---|
| ANOVA para o modelo Quadrático Reduzido da Superfície de Resposta | | | | | | |
| Quadro de análise de variância [Soma parcial de quadrados - Tipo III] | | | | | | |
| Fonte | Soma de quadrados | df | Quadrado médio | F Valor | valor de p Prob>F | |
| Modelo | 7. 95E-04 | 19 | 4. 18E-05 | 80. 28 | < 0. 0001 | Significativo |
| Tensão A | 3. 78E-05 | 1 | 3. 78E-05 | 72. 47 | < 0. 0001 | Significativo |
| B-WFS | 4. 08E-06 | 1 | 4. 08E-06 | 7. 84 | 0. 016 | Significativo |
| Velocidade da soldadura C | 2. 73E-06 | 1 | 2. 73E-06 | 5. 25 | 0. 0409 | Significativo |
| D-NPD | 1. 65E-05 | 1 | 1. 65E-05 | 31. 67 | 0. 0001 | Significativo |
| Fluxo de gás eletrónico | 3. 24E-05 | 1 | 3. 24E-05 | 62. 26 | < 0. 0001 | Significativo |
| AB | 2. 53E-05 | 1 | 2. 53E-05 | 48. 47 | < 0. 0001 | Significativo |
| AC | 8. 85E-06 | 1 | 8. 85E-06 | 16. 99 | 0. 0014 | Significativo |
| AD | 3. 90E-06 | 1 | 3. 90E-06 | 7. 49 | 0. 0181 | Significativo |
| AE | 2. 24E-04 | 1 | 2. 24E-04 | 430. 48 | < 0. 0001 | Significativo |
| BC | 4. 26E-05 | 1 | 4. 26E-05 | 81. 73 | < 0. 0001 | Significativo |
| BD | 5. 66E-05 | 1 | 5. 66E-05 | 108. 7 | < 0. 0001 | Significativo |

| SER | 1. 33E-04 | 1 | 1. 33E-04 | 254. 97 | < 0. 0001 | Significativo |
|---|---|---|---|---|---|---|
| CD | 2. 05E-05 | 1 | 2. 05E-05 | 39. 31 | < 0. 0001 | Significativo |
| CE | 1. 24E-05 | 1 | 1. 24E-05 | 23. 85 | 0. 0004 | Significativo |
| DE | 5. 66E-05 | 1 | 5. 66E-05 | 108. 7 | < 0. 0001 | Significativo |
| $A^2$ | 9. 69E-05 | 1 | 9. 69E-05 | 186. 06 | < 0. 0001 | Significativo |
| $C^2$ | 2. 87E-06 | 1 | 2. 87E-06 | 5. 5 | 0. 037 | Significativo |
| $D^2$ | 5. 68E-06 | 1 | 5. 68E-06 | 10. 9 | 0. 0063 | Significativo |
| $E^2$ | 5. 68E-06 | 1 | 5. 68E-06 | 10. 9 | 0. 0063 | Significativo |
| $R^2$ 0. 9921 | | | Adj-$R^2$ 0. 9798 | | C. V. % 3. 78 | IMPRENSA 7. 3E-005 |
| Adeq Precision 45. 71 | | | | | | |

*Significativo a p<0. 05, df: Grau de liberdade,*

*Tabela 5. 15 Resultado da ANOVA para a % de teor de níquel*

| Resultado | | | | | |
|---|---|---|---|---|---|
| Residual | 6. 25E-06 | 12 | 5. 21E-07 | | |
| Falta de ajuste | 3. 42E-06 | 7 | 4. 88E-07 | 0. 86 | 0. 587 | não significativo |
| Erro puro | 2. 83E-06 | 5 | 5. 67E-07 | | |
| Cor Total | 8. 01E-04 | 31 | | | |

O modelo quadrático obtido da análise de regressão para o Níquel de soldadura em termos de níveis codificados das variáveis foi derivado como

*Modelo final para o níquel em forma codificada = +0. 02 -1. 25E-03 A -4. 13E-04 B -3. 38 E-04 C +8. 29E- 04 D +1. 16E-03 E -1. 26E-03 AB -7. 44E-04 AC -4. 94E-04 AD -3. 74E-03 AE -1. 63E-03 BC -1. 88E - 03 BD -2. 88E-03 BE +1. 13E-03 CD +8. 81E-04 CE +1. 88E-03 DE -1. 81E-03 $A^2$ -3. 12E-04 $C^2$ +4. 39E- 04 $D^2$ +4. 39E-04 $E^2$*

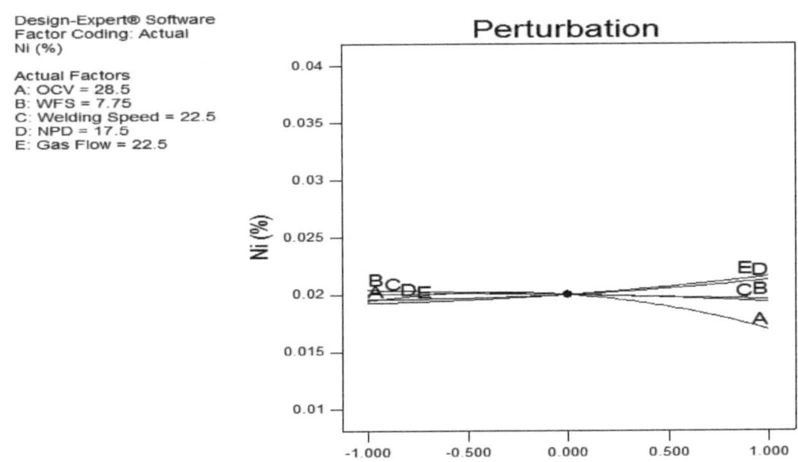


*Figura 5.51 Efeito das variáveis de entrada na % do teor de níquel na soldadura*

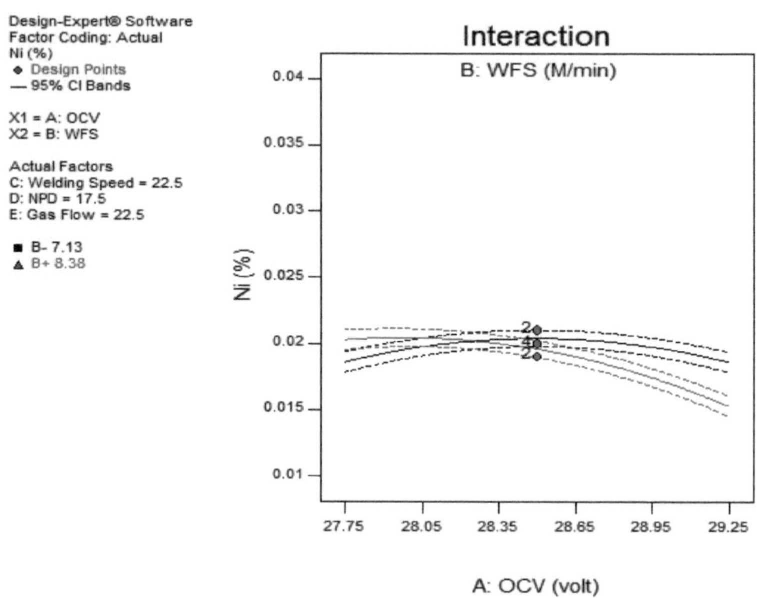



*Figura 5.52 Efeitos de interação de A e B na % de teor de níquel na soldadura*

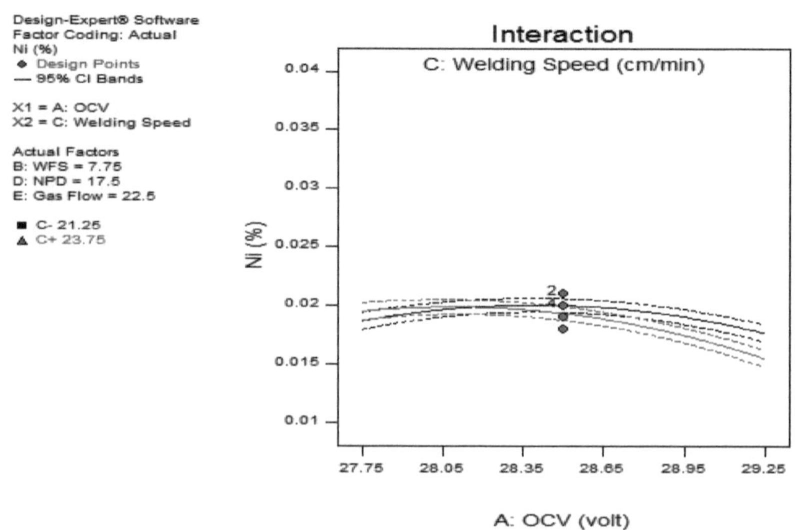



*Figura 5.53 Efeitos de interação de A e C na % de teor de níquel na soldadura*

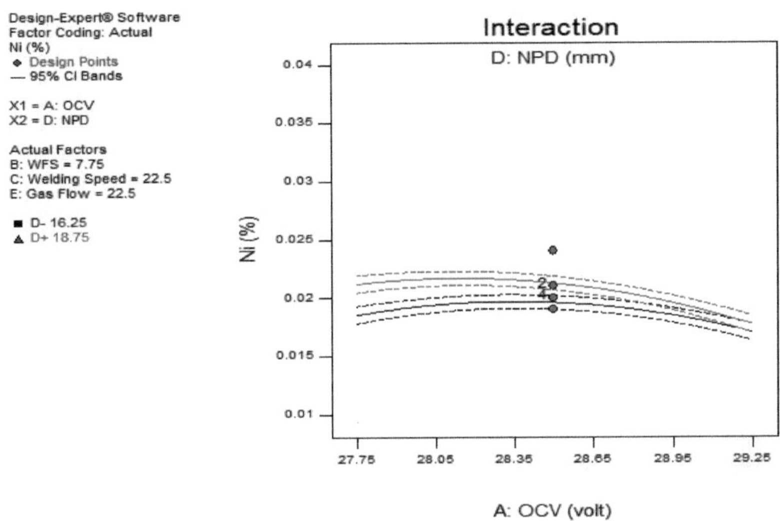



*Figura 5.54 Efeitos de interação de A e D na % de teor de níquel na soldadura*

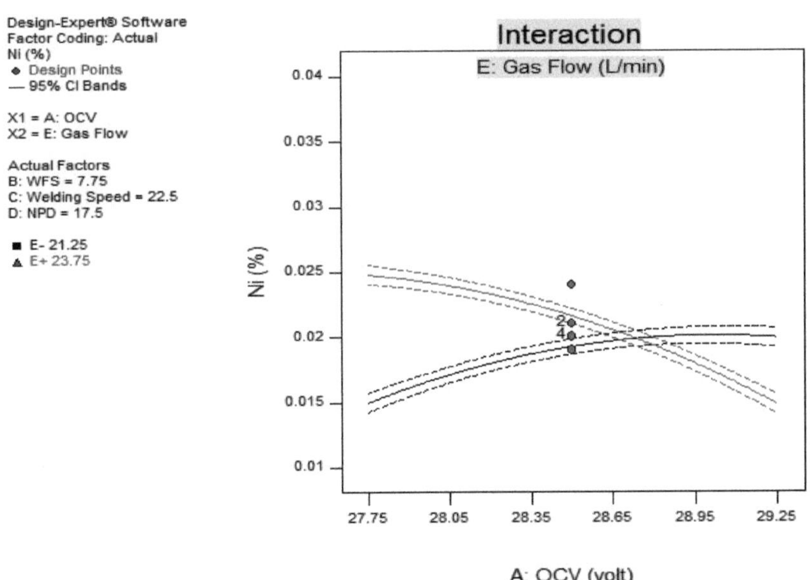



*Figura 5.55 Efeitos de interação de A e E na % de teor de níquel na soldadura*

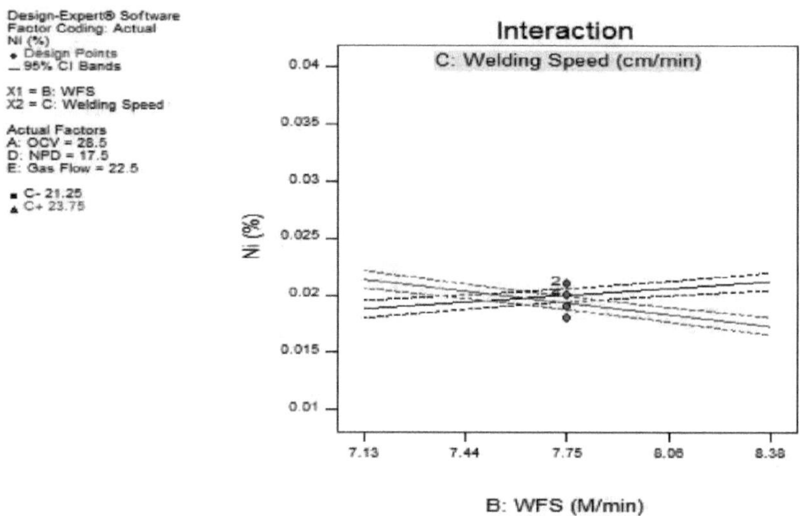

*Figura 5.56 Efeitos de interação de B e C na % de teor de níquel na soldadura*

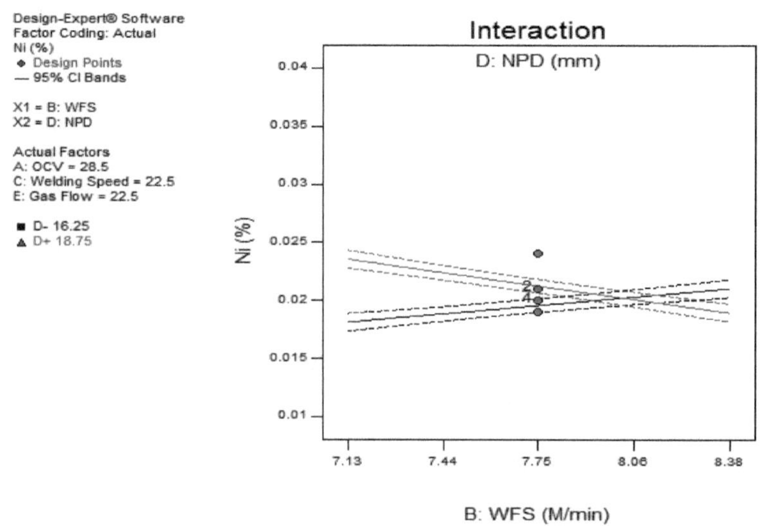

*Figura 5.57 Efeitos de interação de B e D na % de teor de níquel na soldadura*

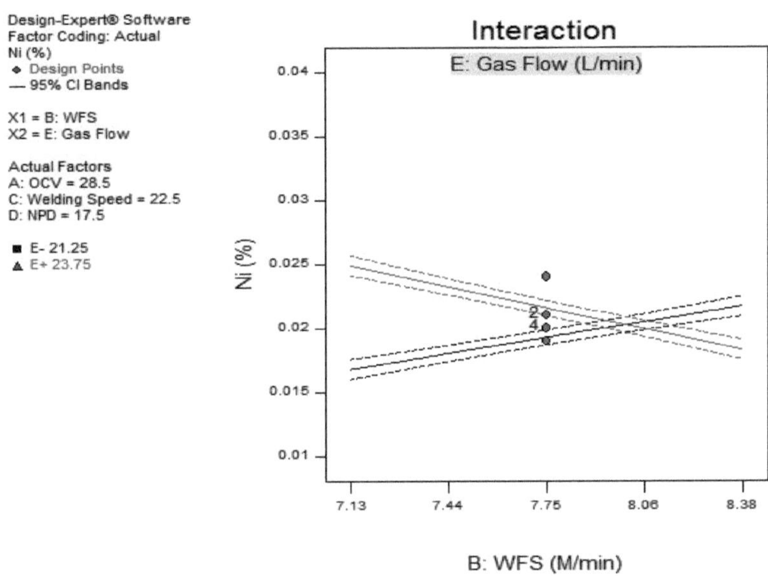


*Figura 5.58 Efeitos de interação de B e E na % de teor de níquel na soldadura*

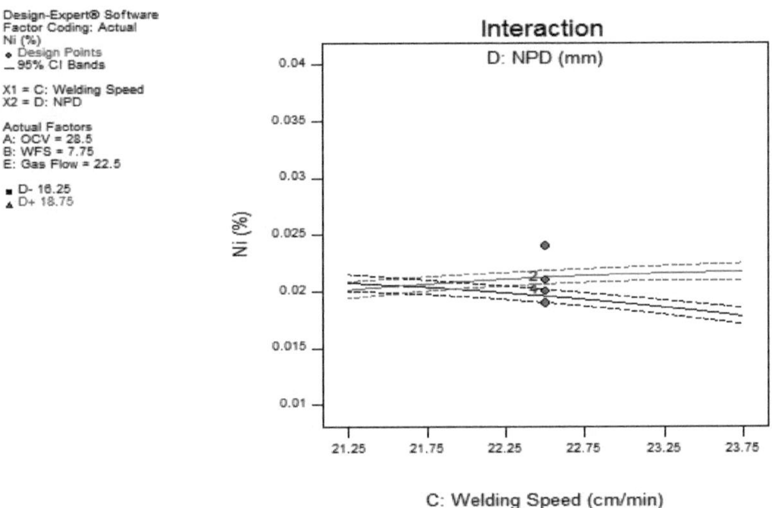


*Figura 5.59 Efeitos de interação de C e D na % de teor de níquel na soldadura*

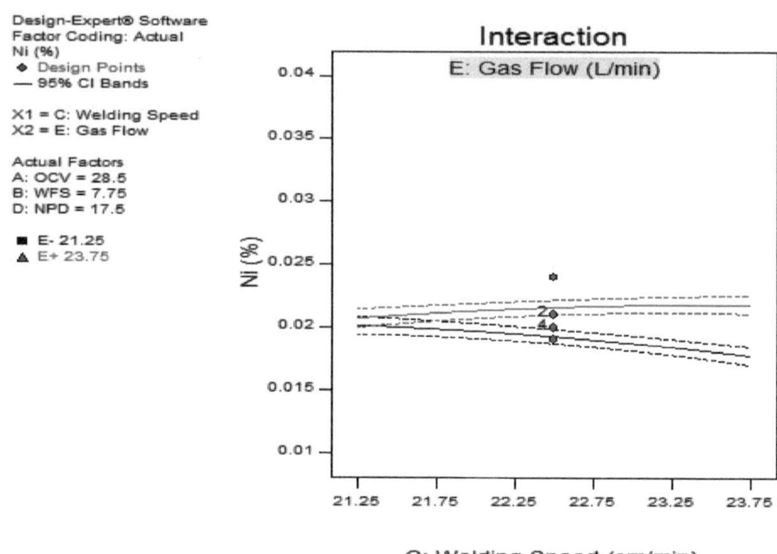



*Figura 5.60 Efeitos de interação de C e E na % de teor de níquel na soldadura*

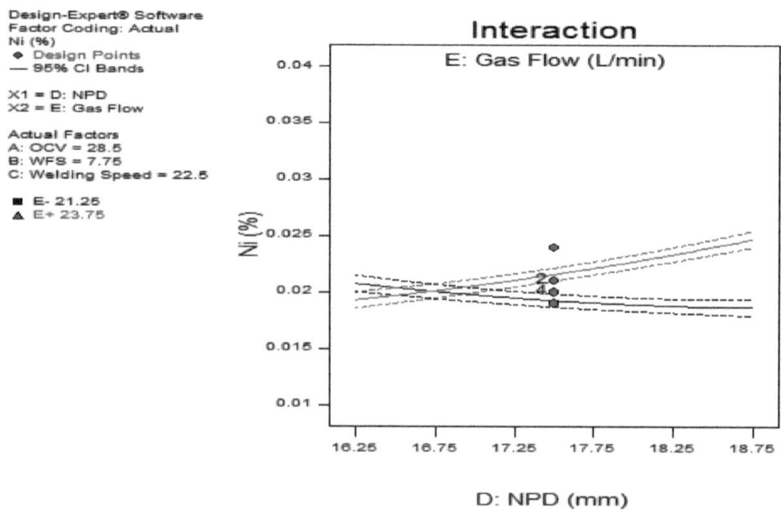



*Figura 5.61 Efeitos de interação de D e E na % de teor de níquel na soldadura*

## 5.8   Análise da percentagem do teor de manganês

Aplicando a ferramenta especializada de conceção para a técnica de conceção rotativa composta central, obtêm-se os seguintes resultados. Apenas as respostas significativas são apresentadas nos resultados da tabela.

*Tabela 5. 16 Tabela ANOVA para % de teor de manganês [Design Expert 9].*

| Resposta-8 | | | | | % do teor de Mn |
|---|---|---|---|---|---|
| **ANOVA para o modelo Quadrático Reduzido da Superfície de Resposta** | | | | | |
| **Tabela de análise de variância** | | **Soma parcial de quadrados - Tipo III].** | | | |
| **Fonte** | **Soma de quadrados** | **df** | **Quadrado médio** | **F Valor** | **valor de p Prob>F** | |
| Modelo | 0. 018 | 15 | 1. 21E-03 | 43. 81 | < 0. 0001 | Significativo |
| Tensão A | 1. 75E-03 | 1 | 1. 75E-03 | 63. 29 | < 0. 0001 | Significativo |
| B-WFS | 5. 51E-04 | 1 | 5. 51E-04 | 19. 96 | 0. 0004 | Significativo |
| Velocidade da soldadura C | 2. 34E-04 | 1 | 2. 34E-04 | 8. 49 | 0. 0102 | Significativo |
| D-NPD | 1. 11E-03 | 1 | 1. 11E-03 | 40. 09 | < 0. 0001 | Significativo |
| Fluxo de gás eletrónico | 1. 98E-04 | 1 | 1. 98E-04 | 7. 18 | 0. 0164 | Significativo |
| AB | 2. 64E-04 | 1 | 2. 64E-04 | 9. 56 | 0. 007 | Significativo |
| AE | 1. 21E-03 | 1 | 1. 21E-03 | 43. 73 | < 0. 0001 | Significativo |
| BD | 6. 63E-04 | 1 | 6. 63E-04 | 24. 01 | 0. 0002 | Significativo |
| SER | 3. 90E-04 | 1 | 3.90E-04 | 14. 13 | 0. 0017 | Significativo |
| CD | 8. 24E-03 | 1 | 8. 24E-03 | 298. 25 | < 0. 0001 | Significativo |
| CE | 8. 85E-04 | 1 | 8. 85E-04 | 32. 05 | < 0. 0001 | Significativo |
| DE | 1. 35E-03 | 1 | 1. 35E-03 | 48. 91 | < 0. 0001 | Significativo |
| $B^2$ | 6. 15E-04 | 1 | 6. 15E-04 | 22. 29 | 0. 0002 | Significativo |
| $C^2$ | 1. 61E-04 | 1 | 1. 61E-04 | 5. 81 | 0.0283 | Significativo |
| $D^2$ | 5. 18E-04 | 1 | 5. 18E-04 | 18. 77 | 0.0005 | Significativo |
| $R^2$ 0,9762 | | Adj-$R^2$ 0. 9539 | | C. V. % 7. 89 | | PRESSIONAR 0. 001 |
| Adeq Precision 26. 38 | | | | | |

*Significativo a p<0. 05, df: Grau de liberdade,*

*Quadro 5.17 Resultado da ANOVA para a % do teor de manganês*

| **Resultado** | | | | | |
|---|---|---|---|---|---|
| Residual | 4. 42E-04 | 16 | 2. 76E-05 | | |
| Falta de ajuste | 2. 45E-04 | 11 | 2. 23E-05 | 0. 57 | 0. 7998 | não significativo |
| Erro puro | 1. 97E-04 | 5 | 3. 94E-05 | | |
| Cor Total | 0. 019 | 31 | | | |

O modelo quadrático obtido da análise de regressão para o manganês de soldadura em termos de níveis codificados das variáveis foi derivado como

*Modelo final para o manganês em forma codificada = + 0. 062 +8. 53E-03 A +4. 79E-03 B -3. 13E-03 C +6. 79E-03 D +2. 88E-03 E -4. 06E-03 AB -8. 69E-03 AE -6. 44E-03 BD -4. 94E-03 BE -0. 023 CD7. 44E-03 CE +9. 19E-03 DE +4. 55E-03 B² -2. 32E-03 C² +4. 18E-03 D²*

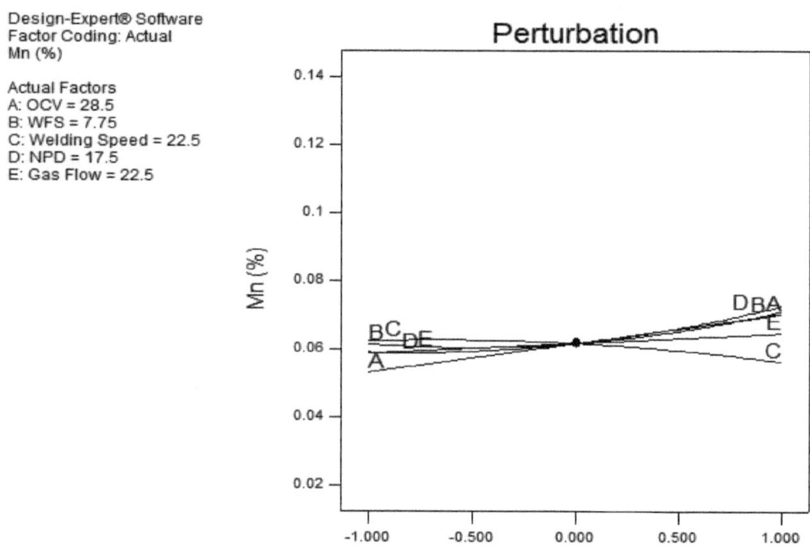


*Figura 5.62 Efeito das variáveis de entrada na % do teor de manganês na soldadura*

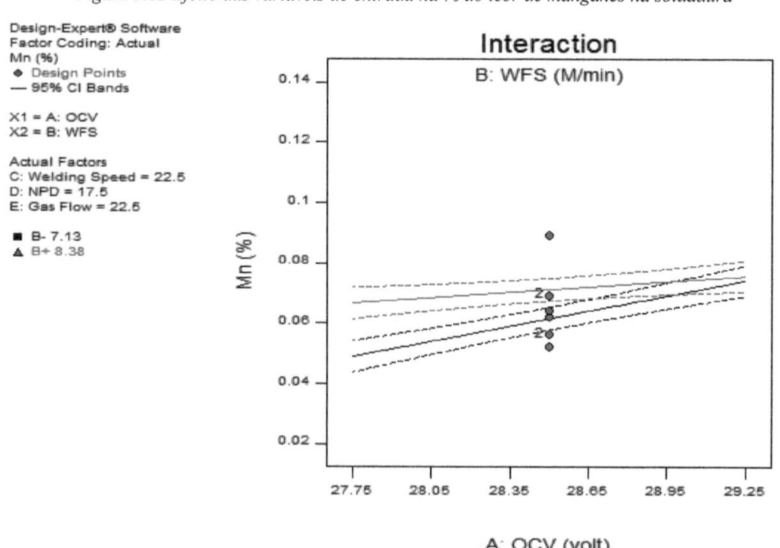


*Figura 5.63 efeitos de interação de A e B na % de teor de manganês na soldadura*

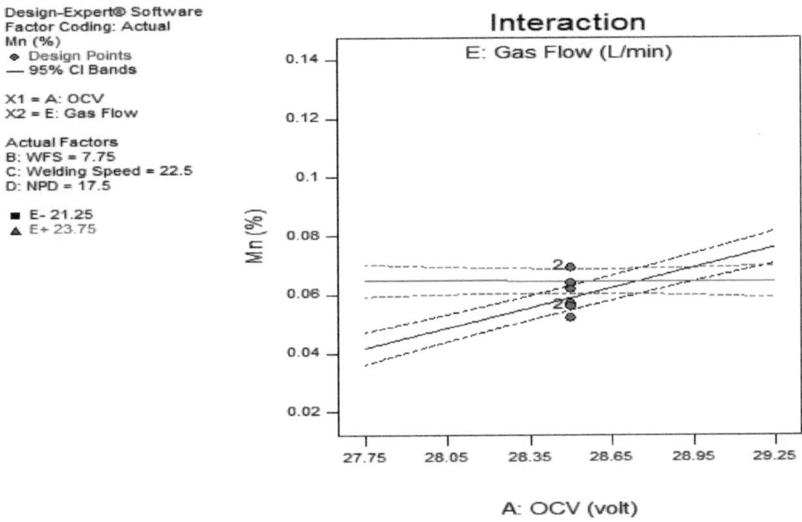



*Figura 5.64 efeitos de interação de A eE na % de teor de manganês na soldadura*

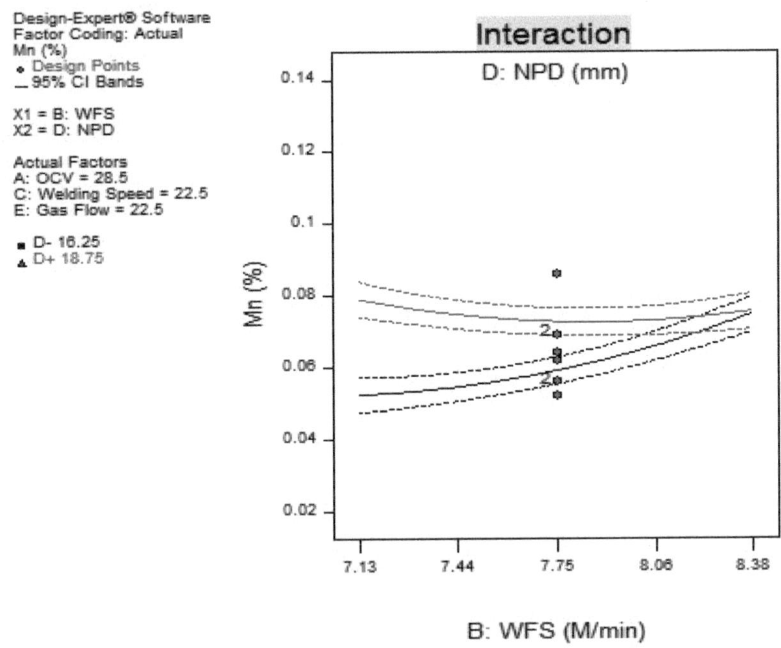



*Figura 5.65 efeitos de interação de B e D na % de teor de manganês na soldadura*

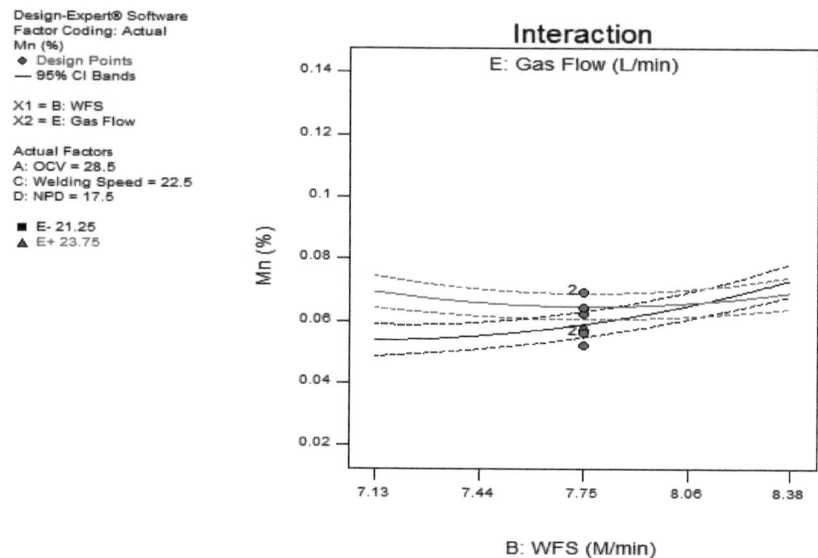



*Figura 5.66 efeitos de interação de B e E na % de teor de manganês na soldadura*

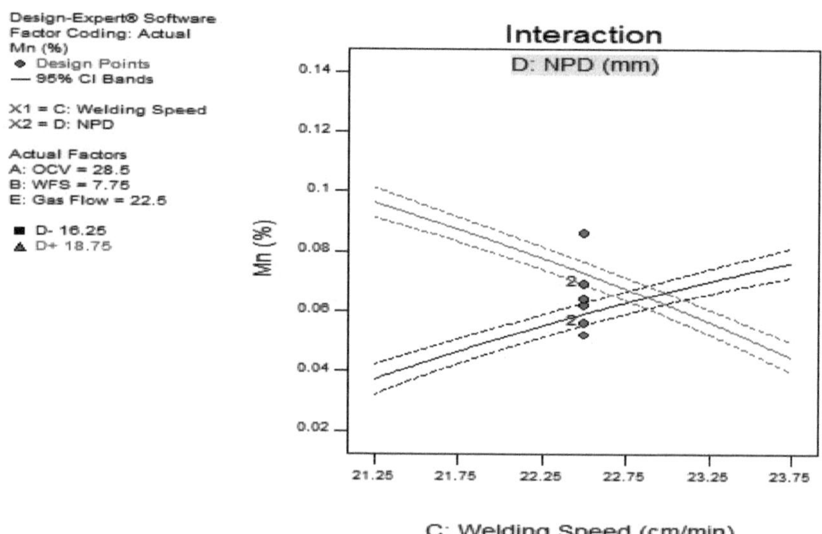



*Figura 5.67 efeitos de interação de C e D na % de teor de manganês na soldadura*

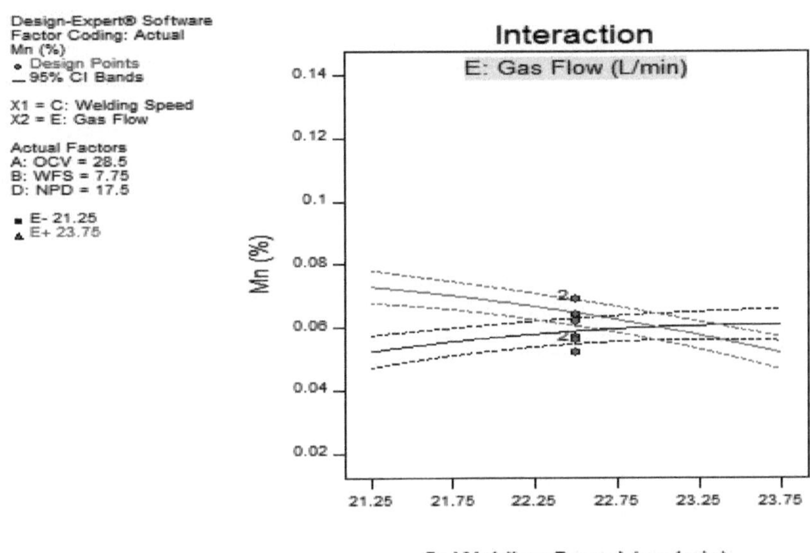


*Figura 5.67 efeitos de interação de C e D na % de teor de manganês na soldadura*

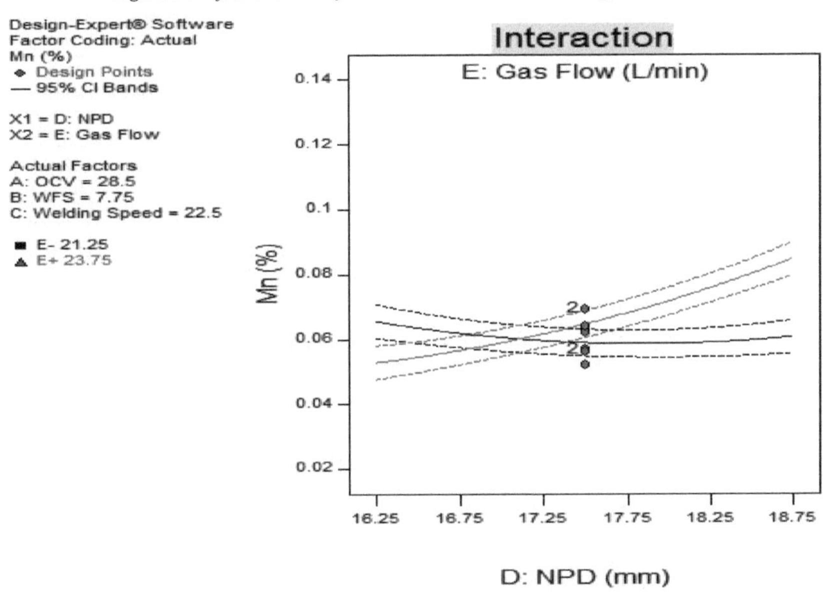


*Figura 5.69 efeitos de interação de D e E na % de teor de manganês na soldadura*

## 5.9 Análise da percentagem do teor de magnésio

Aplicando a ferramenta especializada de conceção para a técnica de conceção rotativa composta central, obtêm-se os seguintes resultados. Apenas as respostas significativas são apresentadas nos resultados da tabela.

*Tabela 5. 18 Tabela ANOVA para % de teor de magnésio [Design Expert 9].*

| Resposta-9 | | | % do teor de Mg | | | |
|---|---|---|---|---|---|---|
| **ANOVA para o modelo Quadrático Reduzido da Superfície de Resposta** | | | | | | |
| **Quadro de análise de variância [Soma parcial de quadrados - Tipo III]** | | | | | | |
| **Fonte** | **Soma de quadrados** | **df** | **Quadrado médio** | **Valor F** | **valor de p Prob>F** | |
| Modelo | 3. 99 | 17 | 0. 23 | 145. 24 | < 0. 0001 | significativo |
| Tensão A | 9. 20E03 | 1 | 9. 20E-03 | 5. 69 | 0. 0317 | significativo |
| B-WFS | 0. 59 | 1 | 0. 59 | 362. 5 | < 0. 0001 | significativo |
| Velocidade da soldadura C | 0. 012 | 1 | 0. 012 | 7. 24 | 0. 0176 | significativo |
| D-NPD | 0. 016 | 1 | 0. 016 | 9. 59 | 0. 0079 | significativo |
| Fluxo de gás eletrónico | 0. 36 | 1 | 0. 36 | 221. 3 | < 0. 0001 | significativo |
| AB | 0. 012 | 1 | 0. 012 | 7. 15 | 0. 0182 | significativo |
| AC | 0. 066 | 1 | 0. 066 | 41. 02 | < 0. 0001 | significativo |
| AD | 0. 018 | 1 | 0. 018 | 10. 86 | 0.0053 | significativo |
| BD | 0. 089 | 1 | 0. 089 | 54. 76 | < 0. 0001 | significativo |
| SER | 0. 013 | 1 | 0. 013 | 7. 83 | 0. 0142 | significativo |
| CE | 0. 33 | 1 | 0. 33 | 202. 77 | < 0. 0001 | significativo |
| DE | 0. 015 | 1 | 0. 015 | 9. 28 | 0. 0087 | significativo |
| $A^2$ | 0. 014 | 1 | 0. 014 | 8. 82 | 0. 0101 | significativo |
| $B^2$ | 0. 46 | 1 | 0. 46 | 285. 62 | < 0. 0001 | significativo |
| $C^2$ | 0. 47 | 1 | 0. 47 | 292. 91 | < 0. 0001 | significativo |
| $D^2$ | 1. 27 | 1 | 1. 27 | 784. 79 | < 0. 0001 | significativo |
| $E^2$ | 0. 17 | 1 | 0. 17 | 106. 77 | < 0. 0001 | significativo |
| **$R^2$ 0,9943** | | **Adj-$R^2$ 0. 9875** | | **C. V. % 1. 91** | | **PREMIR 0. 16** |
| **Adeq Precision 47. 59** | | | | | | |

*Significativo a p<0. 05, df: Grau de liberdade,*

*Tabela 5. 19 Resultado da ANOVA para a % do teor de magnésio*

| Resultado | | | | | |
|---|---|---|---|---|---|
| Residual | 0. 023 | 14 | 1. 62E-03 | | |
| Falta de ajuste | 0. 017 | 9 | 1. 86E-03 | 1. 56 0. 324 | não significativo |
| Erro puro | 5. 93E-03 | 5 | 1. 19E-03 | | |
| Cor Total | 4. 01 | 31 | | | |

O modelo quadrático obtido da análise de regressão para o magnésio da soldadura em termos dos níveis codificados das variáveis foi derivado como

*Modelo final para o Magnésio em forma codificada = +1. 91 +0. 02 A +0. 16 B +0. 022 C -0. 025 D +0. 12 E +0. 027 AB -0. 064 AC -0. 033 AD +0. 074 BD -0. 028 BE +0. 14 CE -0. 031 DE -0. 022 A² +0.13 B² -0. 13 C² +0. 21 D² +0. 077 E²*

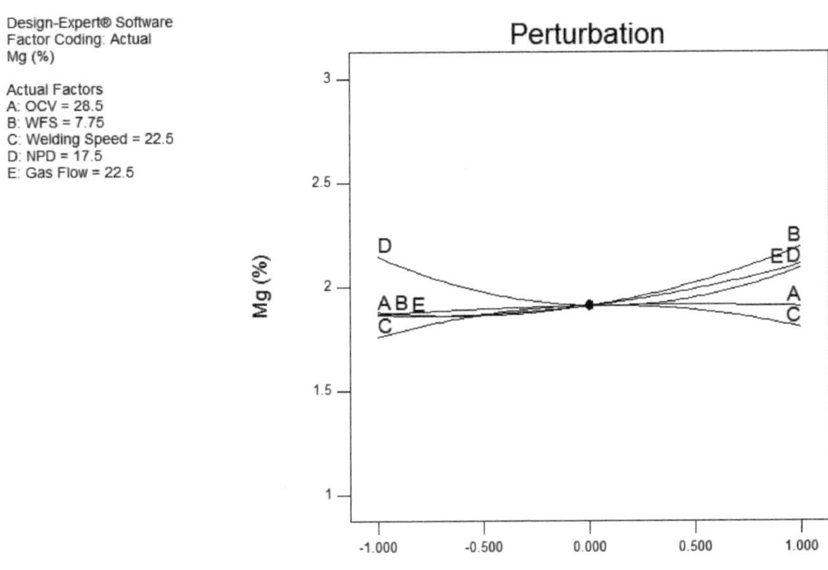

*Figura 5.70 Efeito das variáveis de entrada na % do teor de magnésio na soldadura*

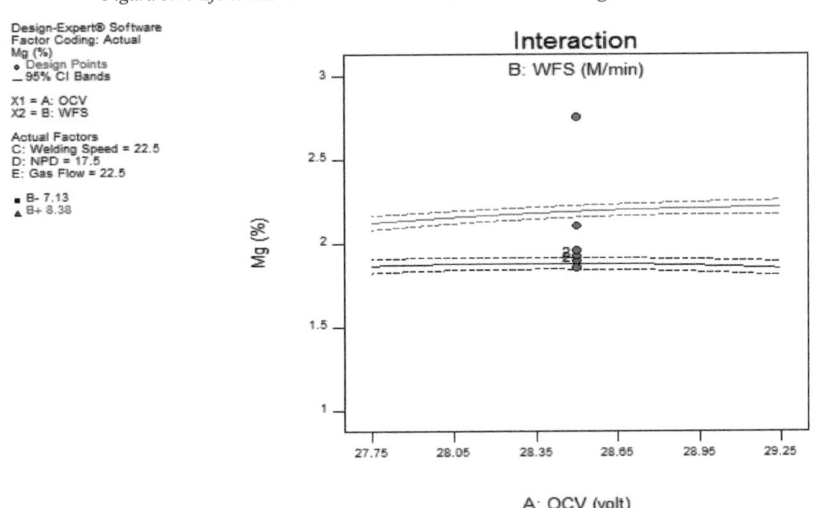

*Figura 5.71 Efeitos de interação de A e B na percentagem de magnésio na soldadura*

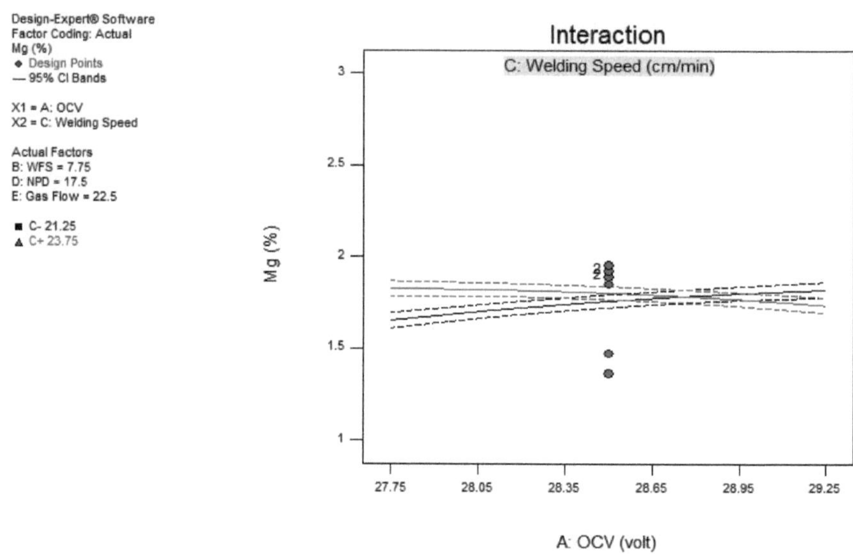

*Figura 5.72 Efeitos de interação deA e C na % do teor de magnésio na soldadura*

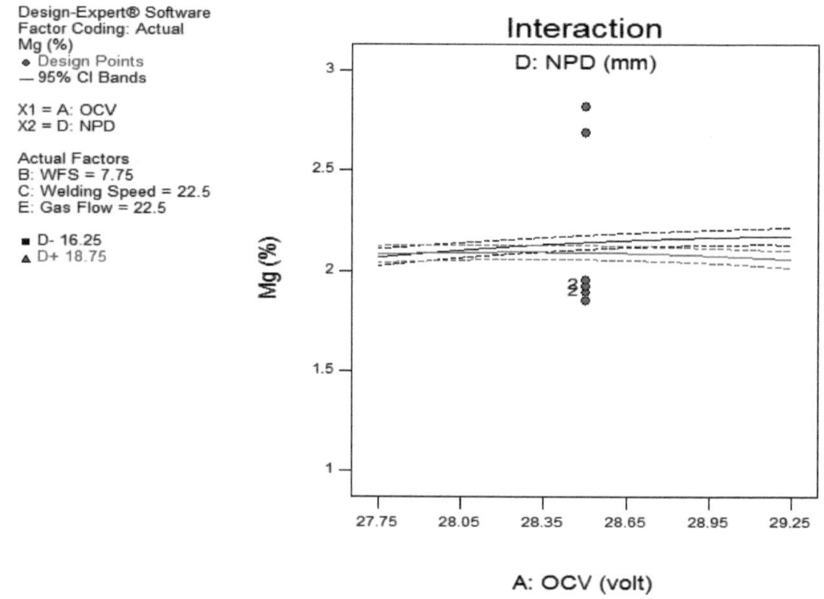

*Figura 5.73 Efeitos de interação de A e D na % de teor de magnésio na soldadura*

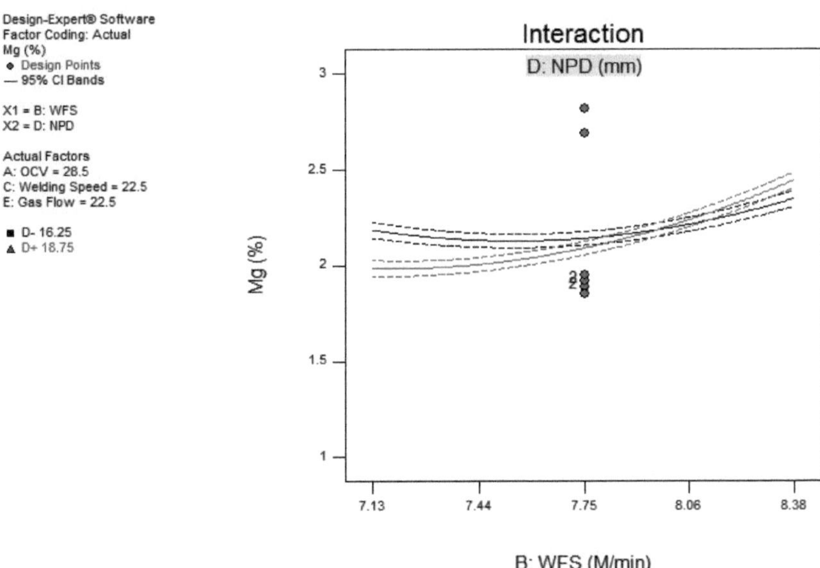


*Figura 5.74 Efeitos de interação de B e D na % do teor de magnésio na soldadura*

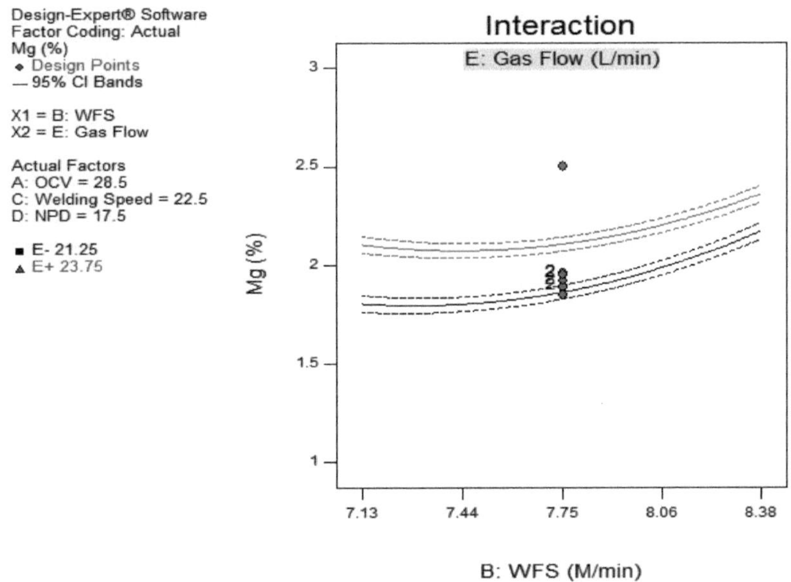


*Figura 5.75 Efeitos de interação de B e E na % do teor de magnésio na soldadura*

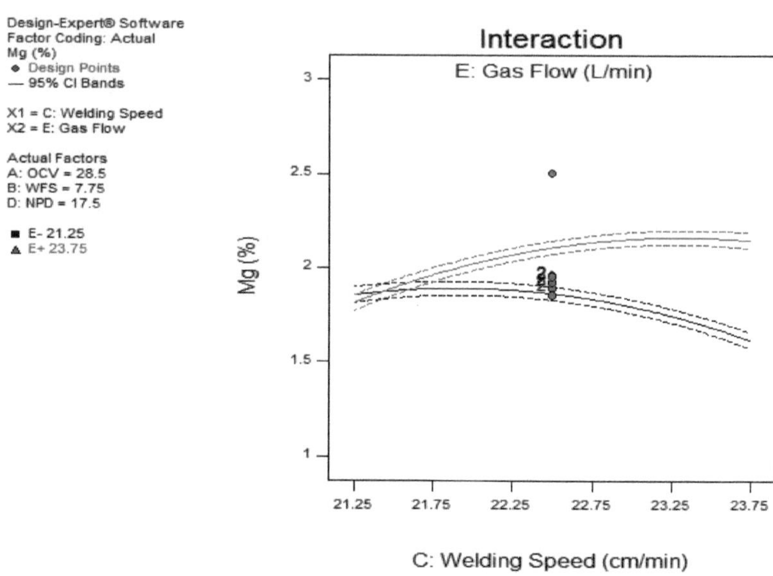



*Figura 5.76 Efeitos de interação de C e E na % do teor de magnésio na soldadura*

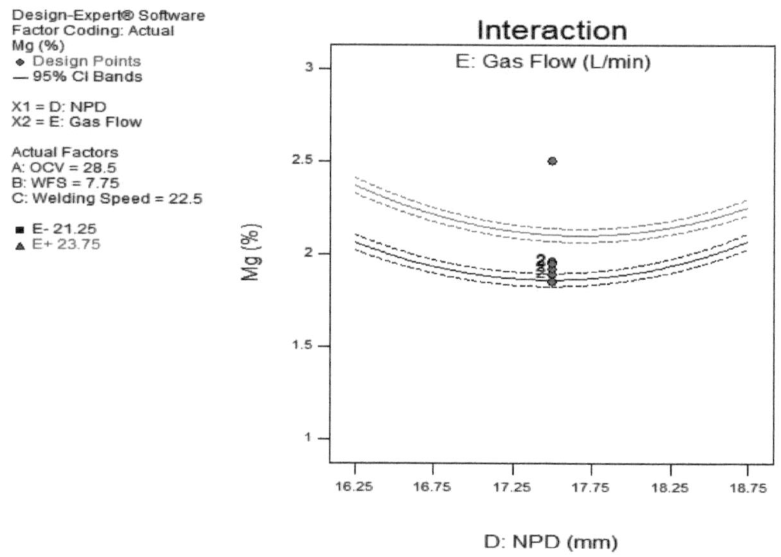



*Figura 5.77 Efeitos de interação de D e E na % de teor de magnésio na soldadura*

## 5.10 Análise da percentagem do teor de cobre

Aplicando a ferramenta especializada de conceção para a técnica de conceção rotativa composta central, obtêm-se os seguintes resultados. Apenas as respostas significativas são apresentadas nos resultados da tabela.

*Tabela 5. 20 Tabela ANOVA para % de teor de cobre [Design Expert 9].*

| Resposta-10 | | | % de teor de Cu | | |
|---|---|---|---|---|---|
| **ANOVA para o modelo Quadrático Reduzido da Superfície de Resposta** | | | | | |
| **Quadro de análise de variância [Soma parcial de quadrados - Tipo III]** | | | | | |
| **Fonte** | **Soma de quadrados** | **df** | **Quadrado médio** | **F Valor** | **valor de p Prob>F** | |
| Modelo | 3. 28E-03 | 13 | 2. 52E-04 | 18. 66 | < 0. 0001 | significativo |
| Tensão A | 9. 20E-05 | 1 | 9. 20E-05 | 6. 8 | 0. 0178 | significativo |
| B-WFS | 6. 34E-05 | 1 | 6. 34E-05 | 4. 68 | 0.0441 | significativo |
| Velocidade da soldadura C | 7. 70E-05 | 1 | 7. 70E-05 | 5. 7 | 0. 0282 | significativo |
| D-NPD | 1. 00E-04 | 1 | 1. 00E-04 | 7. 4 | 0. 0141 | significativo |
| Fluxo de gás eletrónico | 1. 45E-04 | 1 | 1. 45E-04 | 10. 72 | 0. 0042 | significativo |
| AD | 6. 01E-05 | 1 | 6. 01E-05 | 4. 44 | 0. 0494 | significativo |
| BD | 8. 56E-05 | 1 | 8. 56E-05 | 6. 33 | 0.0216 | significativo |
| CD | 1. 43E-03 | 1 | 1. 43E-03 | 105.35 | < 0. 0001 | significativo |
| CE | 2. 18E-04 | 1 | 2. 18E-04 | 16. 08 | 0. 0008 | significativo |
| DE | 6. 01E-05 | 1 | 6. 01E-05 | 4. 44 | 0. 0494 | significativo |
| $B^2$ | 5. 64E-04 | 1 | 5. 64E-04 | 41. 68 | < 0. 0001 | significativo |
| $D^2$ | 4. 14E-04 | 1 | 4. 14E-04 | 30. 57 | < 0. 0001 | significativo |
| $E^2$ | 8. 90E-05 | 1 | 8. 90E-05 | 6. 58 | 0. 0195 | significativo |
| **$R^2$ 0,9309** | | **Adj-$R^2$ 0. 8810** | | **C. V. % 6. 81** | **PREMIR 0. 0008** | |
| **Adeq Precision 16. 06** | | | | | | |

*Tabela 5. 21 Resultado da ANOVA para a % do teor de cobre*

| Resultado | | | | | | |
|---|---|---|---|---|---|---|
| Residual | 2. 44E-04 | 18 | 1. 35E-05 | | | |
| Falta de ajuste | 1. 97E-04 | 13 | 1. 51E-05 | 1. 62 | 0. 3122 | não significativo |
| Erro puro | 4. 68E-05 | 5 | 9. 37E-06 | | | |
| Cor Total | 3. 53E-03 | 31 | | | | |

*Significativo a p<0. 05, df: Grau de liberdade,*

O modelo quadrático obtido da análise de regressão para o magnésio da soldadura em termos dos níveis codificados das variáveis foi derivado como

*Modelo final para o Cobre em forma codificada = +0. 047 +1. 96E-03 A -1. 63E-03 B +1. 79E-03 C - 2. 04E-03 D +2. 46E-03 E -1. 94E-03 AD -2. 31E-03 BD + 9. 44E-03 CD +3. 69E-03 CE +1. 94E-03 DE + 4. 36E-03 B² +3. 73E-03 D² +1. 73E-03 E²*

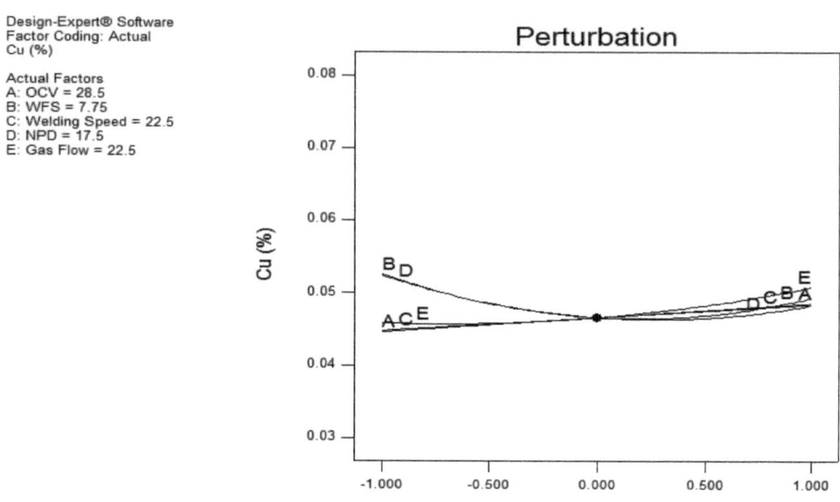



*Figura 5.78 Efeito das variáveis de entrada na % do teor de cobre na soldadura*

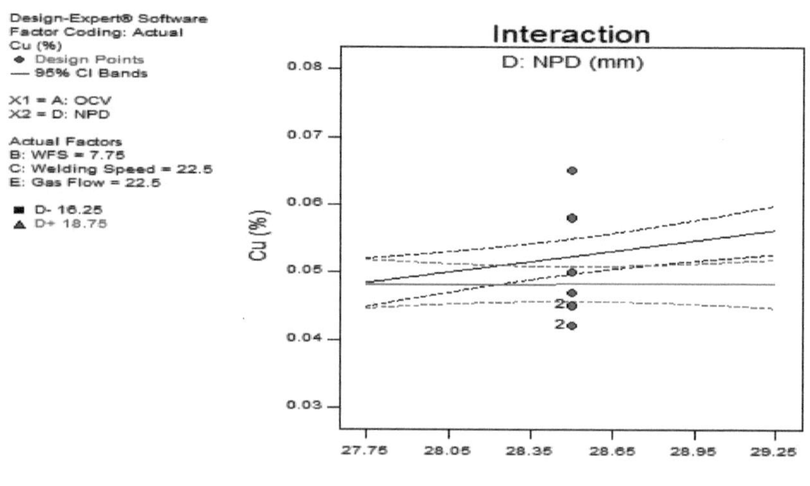



*Figura 5.79 Efeitos de interação de A e D na % de teor de cobre na soldadura*

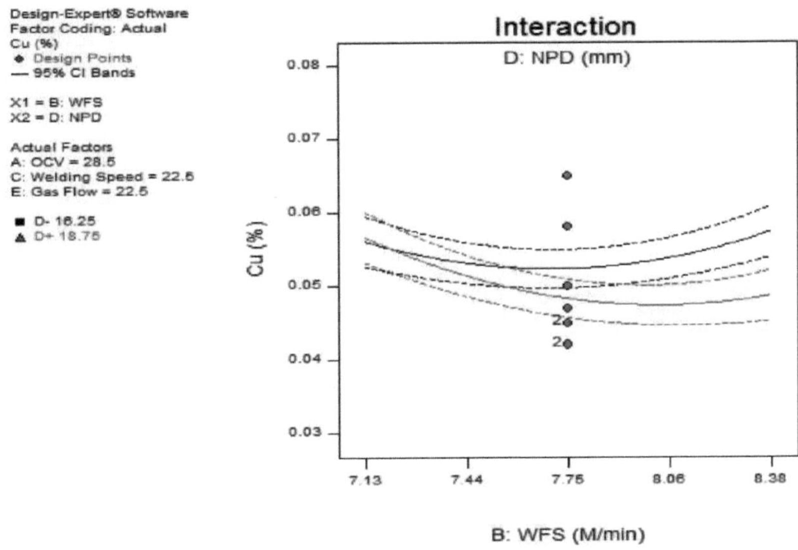


*Figura 5.80 Efeitos de interação de B e D na % de teor de cobre na soldadura*

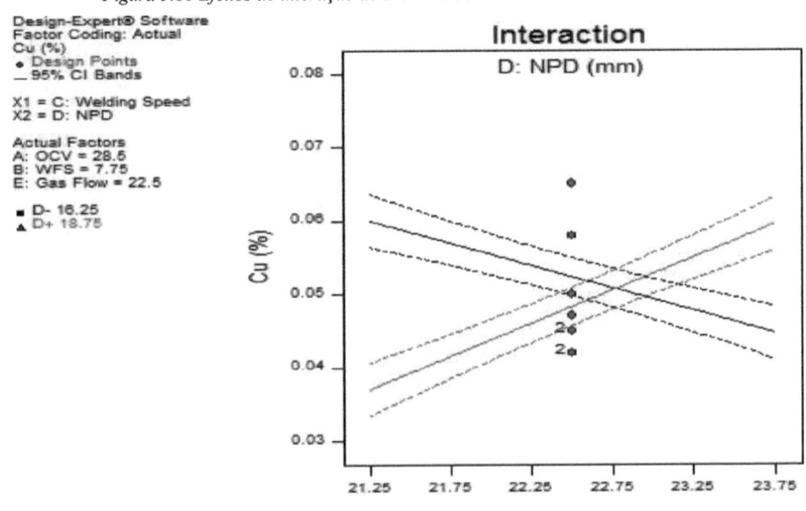


*Figura 5.81 Efeitos de interação de C e D na % de teor de cobre na soldadura*

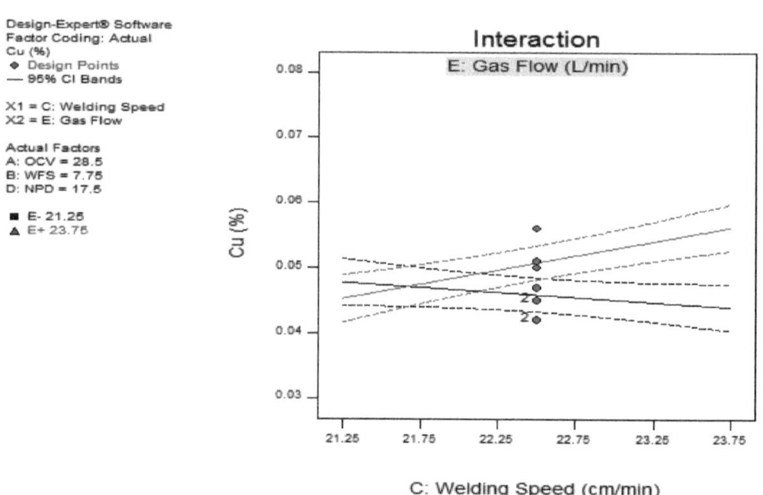


*Figura 5.82 Efeitos de interação de C e E na % de teor de cobre na soldadura*

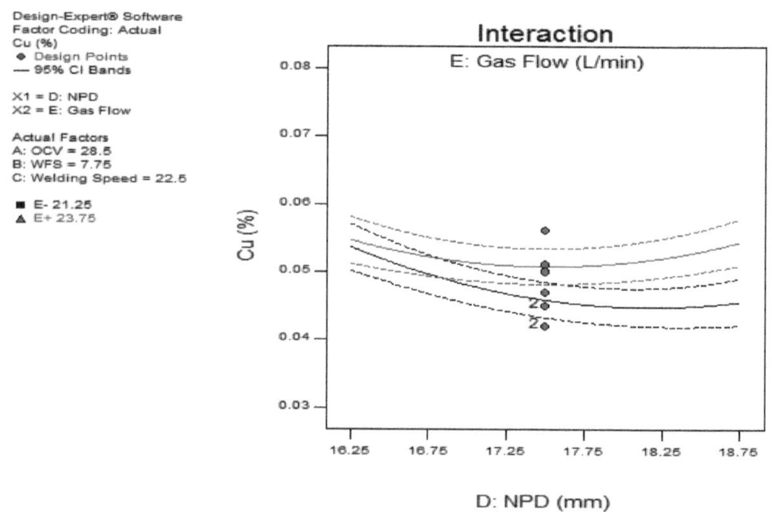


*Figura 5.83 Efeitos de interação de D e E na % de teor de cobre na soldadura*

## 5.11 Análise dos resultados

### 5.11.1 Efeito das variáveis de entrada na largura do cordão

O efeito das variáveis de entrada na largura do cordão é apresentado na 'Figura 5.1'. A figura 5.1 mostra que, com o aumento de A, B, D e E, a largura do cordão aumenta.

A largura do cordão aumentou linearmente com o aumento de B, porque um B mais elevado exige correntes de arco mais elevadas e, por conseguinte, uma maior deposição de metal, que é depositado numa vasta área da placa de base, resultando assim numa maior largura do cordão.

Devido a um C mais elevado, todas as dimensões do cordão diminuem proporcionalmente e, por conseguinte, a razão para obter uma menor largura do cordão.

A Figura 5.1 mostra que a largura do cordão aumenta linearmente com D. Isto deve-se ao facto de, com o aumento de D, o comprimento do arco aumentar, devido ao qual a superfície da placa de base corta o cone do arco na sua base mais larga, o que, consequentemente, resulta num cordão mais largo.

O efeito do gás árgon na largura do cordão é menor em comparação com A, B e D. A razão para isso é que a função do árgon é estabilizar o arco.

A Figura 5.1 mostra que a largura do cordão aumenta linearmente com o aumento de A, o que se deve ao facto de o aumento de A resultar num aumento do comprimento do arco e no espalhamento do arco na sua base, o que resulta numa maior fusão da superfície da placa de base.

5. 11. 2 Efeitos de interação das variáveis de entrada na largura do cordão

Como mencionado na ANOVA 'Tabela 5. 2' AB, AC, AD, AE, BC, BD, BE, CD, CE e DE interagiram para afetar a largura do cordão. A 'Figura 5.2' mostra o efeito de interação de A e B na largura do cordão. Com o aumento de A, a largura aumentou para todos os níveis de B. Também a taxa de aumento da largura do cordão com um aumento de A aumentou gradualmente à medida que B aumentou. Esta tendência contraditória pode dever-se à razão a seguir descrita:

A 'Figura 5.3' mostra o efeito de interação de A e C na largura do cordão. Com o aumento de A, a largura aumenta para todos os níveis de C. Também se regista uma taxa crescente de largura com o aumento de A, mas a largura diminui quando C aumenta linearmente. Esta tendência contraditória pode dever-se à razão a seguir descrita:

A 'Figura 5.4' mostra o efeito de interação de A e N na largura do cordão. A figura mostra claramente que a largura aumentou com o OCV quando D variou de 16,25 mm para 18,75 mm e a taxa de aumento da largura do cordão também aumentou com o aumento do OCV.

A 'Figura 5.5' mostra o efeito de interação de A e E na largura do cordão. A figura mostra claramente que a largura aumentou com o OCV quando E variou de 21,25 mm para 23,75 mm e a taxa de aumento da largura do cordão também aumentou com o aumento do OCV. A Figura 5.6 mostra que B e C tiveram um efeito positivo na largura do cordão e o efeito combinado de B e C na largura foi o efeito líquido de ambos os efeitos de B e C. C variou de 21,25 mm a 23,75 mm.

A 'Figura 5.7' mostra o efeito de interação de B e D na largura do cordão. A figura mostra claramente que a largura aumentou com a CMA quando D variou de 16,25 mm a 18,75 mm e que a taxa de aumento da largura do cordão também aumentou com o aumento da CMA.'A figura 5.8' mostra o efeito de interação de B e E na largura do cordão. A figura mostra claramente que a largura aumentou com a EMA quando E variou de 21,25 mm para 23,75 mm e que a taxa de aumento da largura do cordão também aumentou com o aumento de B. A 'Figura 5.9' mostra o efeito de interação de C e D na largura do cordão. A figura mostra claramente que a largura diminuiu com a velocidade de soldadura quando D variou de 16,25 mm para 18,75 mm e a taxa de diminuição da largura também diminuiu com o aumento da velocidade de soldadura. A largura do cordão diminui gradualmente com o aumento da velocidade.

A 'Figura 5.10' mostra o efeito de interação de C e E na largura do cordão. Esta figura mostra que a largura do cordão diminui gradualmente com o aumento de E e diminui linearmente com o aumento da velocidade de soldadura. E variou de 21,25 mm a 23,75 mm. Isto deve-se ao facto de a taxa de deposição diminuir com o aumento da velocidade de soldadura. A 'Figura 5.11' mostra o efeito de interação de D e E na largura do cordão. A figura mostra claramente que a largura aumentou com D quando E variou de 21,25 mm a 23,75 mm e que a taxa de aumento da largura do cordão também aumentou com o aumento de D. No entanto, a D = 17,90 mm a taxa de diminuição da largura é quase insignificante, pelo que a largura permaneceu quase constante.

### 5.11.3 Efeito das variáveis de entrada na penetração do cordão

A 'Figura 5.12' mostra o efeito das variáveis de entrada na penetração do cordão. Como se mostra na figura 5.12, a taxa de alimentação do fio e a distância entre o bocal e a chapa tiveram o efeito mais dominante no aumento da penetração do cordão. Isto foi devido ao facto de que o aumento em B e D, aumentou a corrente do arco, aumentando assim a entrada de calor por unidade de comprimento da solda, o que, como resultado, levou o arco a penetrar mais no cordão de solda. Além disso, com correntes mais elevadas, a velocidade e a aceleração das gotas fundidas também aumentam, dando assim valores mais elevados de profundidade de penetração.

A Figura 5.12 mostra que, quando A aumentou de -1 para 0, a penetração diminuiu, mas quando A aumentou de 0 para +1, a penetração aumentou. Isto deve-se ao facto de o aumento de A resultar num aumento da tensão do arco e, consequentemente, da entrada de calor. À medida que a entrada de calor aumenta, a profundidade de penetração também aumenta.

A Figura 5.12 mostra que a penetração diminuiu com o aumento de C, mas a uma taxa relativamente menor. Isto deve-se ao facto de a entrada de calor por unidade de comprimento da soldadura estar indiretamente relacionada com a velocidade de soldadura. Por conseguinte, velocidades de soldadura mais elevadas resultariam obviamente em valores de penetração mais baixos. Para valores mais baixos de D, do nível -1 ao nível 0, a penetração é quase constante. Isto deve-se ao facto de o arco se espalhar por uma área maior da placa de base, reduzindo assim a penetração. E do nível 0 para o nível +1 a penetração aumentou devido à menor área de arco da placa de base, aumentando assim a penetração.

Para valores mais baixos de E, de 0 níveis a -1 nível, a penetração manteve-se constante devido ao facto de os gases de proteção cobrirem o arco, espalhando-se por uma área maior da placa de base. Para níveis de 0 a +1, a penetração aumentou devido ao facto de os gases de proteção cobrirem o arco e se espalharem por uma área mais pequena.

### 5.11.4 Efeitos de interação das variáveis de entrada na profundidade de penetração

A 'Figura 5.13' mostra o efeito de interação de A e C na penetração do cordão. A figura mostra claramente que, com o aumento da OCV de 27,75 V para 28,45 V, há uma certa diminuição da penetração do cordão para todos os valores de C, mas a taxa de penetração diminui com o aumento de C. Isto deve-se ao facto de A ter um efeito positivo na penetração e a velocidade de soldadura ter um efeito negativo. Para um valor mais baixo de velocidade a C = 21,25 cm/min, o efeito positivo de A foi menor, o que resultou numa diminuição da penetração de 3,4 mm para 3,1 mm com a redução da inclinação. À velocidade de 23,75 cm/min, verifica-se um ligeiro aumento da penetração com o aumento de A de 28,80 V para 29,25 V devido ao efeito dominante de C em A. A 'Figura 5.14' mostra o efeito de interação de A e D na penetração. A figura mostra claramente que, com a diminuição do OCV de 27,75 V para 29,25 V , há uma diminuição da penetração do cordão em todos os valores de D, mas a taxa de diminuição da penetração aumenta com D. Isto deve-se ao facto de A ter um efeito positivo na penetração e a distância entre o bico e a placa ter um efeito negativo. O valor de D variou de 16,25 mm a 18,75 mm. O valor da penetração do cordão diminuiu com o aumento de A, o que se deve ao aumento da distância entre o bico e a placa. Uma distância maior entre as placas e o bocal significa uma pequena quantidade de calor introduzida no metal de base e reduz a penetração. A

'Figura 5.25' mostra o efeito de interação de A e E na penetração. Nesta figura, a penetração do cordão diminuiu com o aumento de A de 27,75 V para 29,25 V . O valor de E variou de 21,25 L/min para 23,75 L/min. A penetração do cordão diminuiu de 3,00 mm para 2,50 mm, o que se deve ao aumento do OCV para todos os níveis de E. A 'Figura 5.16' mostra o efeito de interação de B e C na penetração. A figura mostra claramente que, com a diminuição da velocidade de soldadura de 7,13 m/min para 7,75 m/min, há uma diminuição da penetração do cordão em todos os valores de C, mas a taxa de diminuição da penetração aumenta com C. Isto porque B teve um efeito positivo na penetração e a velocidade de soldadura teve um efeito negativo. O valor de C variou de 21,25 cm/min a 23,75 cm/min. O valor da penetração do cordão aumentou com o aumento de B de 7,75 cm/min para 8,38 cm/min, o que se deve a uma taxa de deposição mais elevada. A 'Figura 5.17' mostra o efeito de interação de B e D na penetração. A figura mostra claramente que, com a diminuição da WFS de 7,13 cm/min para 8,38 cm/min, há uma diminuição da penetração do cordão em todos os valores de D, mas a taxa de diminuição da penetração aumenta com D. Isto porque B teve um efeito positivo na penetração e a distância entre o bocal e a placa teve um efeito negativo. O valor de D variou de 16,25 mm a 18,75 mm. O valor da penetração do cordão diminuiu com o aumento de B, o que se deve ao aumento da distância entre o bico e a placa. Uma maior distância entre as placas e o bocal significa uma menor quantidade de calor introduzido no metal de base e reduz a penetração. A 'Figura 5.28' mostra o efeito de interação de B e E na penetração. Nesta figura, a penetração do cordão diminuiu com o aumento de B de 7,13 m/min para 8,38 m/min e o valor de E variou de 21,25 L/min para 23,75 L/min. A penetração do cordão diminuiu de 3,20 mm para 2,50 mm, o que se deve ao aumento de WFS para todos os níveis de E.

A 'Figura 5.19' mostra o efeito de interação de C e D na Penetração. Nesta figura, a penetração do cordão de soldadura diminuiu com o aumento de C de 21,25 cm/min para 23,75 cm/min e o valor de D variou de 16,25 mm para 18,75 mm. A penetração do cordão de soldadura diminuiu de 2,90 mm para 2,50 mm até à velocidade de soldadura = 22,50 cm/min, depois aumentou gradualmente de 22,50 cm/min para 23,75 cm/min, devido ao aumento de C para todos os níveis de E.

A 'Figura 5.20' mostra o efeito de interação de C e E na Penetração. Nesta figura, a penetração do cordão diminuiu com o aumento de C de 21,25 cm/min para 23,75 cm/min e o valor de E variou de 21,25 L/min para 23,75 L/min. A penetração do cordão diminuiu de 3,20 mm para 2,50 mm, o que se deve ao aumento da velocidade de soldadura para todos os níveis de E.

5.11.5  Efeito das variáveis de entrada no reforço do cordão

A 'Figura 5.21' mostra o efeito das variáveis de entrada no reforço do cordão. Com o aumento de B de 6,50 cm/min para 9,00 cm/min, o reforço aumentou de 3,75 mm para 4,25 mm. Isto deveu-se ao facto de B resultar num aumento da entrada de calor, aumentando assim a taxa de deposição, o que aumenta o volume do cordão e, consequentemente, obtém-se um valor mais elevado de reforço. No entanto, quando B aumentou de 6,50 cm/min para 9,00 cm/min, o reforço aumentou devido ao efeito de amortecimento da poça de fusão no arco.

Com o aumento de A, a armadura reduziu-se, o que se deveu, obviamente, ao facto de o aumento de A ter resultado no aumento do comprimento do arco e no alargamento do arco na sua base, o que resultou numa maior fusão da superfície da placa de base. Este aumento da largura causou uma redução correspondente na armadura.

A diminuição do reforço com o aumento de C pode ser atribuída à redução da entrada de calor por unidade de comprimento do cordão de solda à medida que C foi aumentado e menos metal de adição foi depositado por unidade de comprimento da solda, reduzindo assim o reforço do cordão.

Com o aumento de D do nível 1 para o nível +1, o reforço diminuiu de 4,20 mm para 3,95 mm. Isto deveu-se ao facto de, com o aumento de D, o comprimento do arco ter aumentado e, por conseguinte, a área do arco na superfície da soldadura ter aumentado e, consequentemente, a largura da soldadura ter diminuído, o que levou à redução do reforço.

E aumentou de -1 para +1, o reforço aumentou de 4,00 mm para 4,35 mm. Isto deveu-se ao facto de o árgon reduzir o problema dos salpicos e manter o arco estável.

### 5.11.6 Efeitos de interação das variáveis de entrada no reforço do cordão

A partir da ANOVA 'Tabela 5.6', as mais significativas são BC, BD, BE e DE. A 'Figura 5.22' mostra o efeito de interação de B e C no reforço. O efeito de interação mostra que, a um valor mais baixo de C = 21,25 cm/min, o aumento do reforço é insignificante até 22,50 cm/min, após o que o reforço diminui até 23,75 cm/min, mesmo com o aumento regular de B. A um valor mais elevado de C = 23,75 cm/min, o reforço diminui à medida que B aumenta de 7,13 m/min para 8,38 m/min. Como explicado acima, B teve um efeito positivo e C teve um efeito negativo no reforço. A "Figura 5.41" mostra o efeito de interação de B e D no reforço. O efeito de interação mostra que, com um valor inferior de D = 16,25 mm, o reforço aumenta com o aumento de B. Com um valor superior de D, o reforço aumenta à medida que B aumenta de 7,13 m/min para 8,38 cm/min. Como explicado acima, tanto B como D tiveram um efeito positivo no reforço. Devido ao aumento de B, a taxa de deposição aumenta e o reforço aumenta. A 'Figura 5.24' mostra o efeito de interação de B e E no reforço. A interação mostra que, com um valor inferior de E = 21,25 L/min, o reforço aumentou com B = 7,13 m/min. Com o valor de B = 8,10 m/min, a armadura permanece constante. A 'Figura 5.25' mostra o efeito de interação de D e E no reforço. O valor de E variou de 21,25 L/min a 23,75 L/min, o reforço do cordão aumentou para todos os níveis de E mas diminuiu com a redução gradual de D. Devido ao aumento da distância entre o bico e a chapa, o arco espalha-se sobre a superfície da chapa e a superfície do metal de soldadura espalha-se sobre a superfície.

### 5.11.7 Efeito das variáveis de entrada na diluição

Relativamente às variáveis de entrada, verifica-se um aumento gradual em A, C e D e uma variação linear da diluição em B e E, como se mostra na 'Figura 5.48'. Para B =9,00 m/min a 6,50 m/min, a diluição diminuiu linearmente. Isto deve-se ao facto de, com a diminuição de B, a entrada de calor diminuir devido à diminuição da corrente do arco. Esta menor entrada de calor conduziu a uma pequena penetração e a uma menor largura, pelo que o valor da diluição foi menor.

O aumento do OCV resultou num aumento da tensão do arco e da entrada de calor, o que se deve ao aumento da profundidade de penetração e, consequentemente, da diluição.

Com o aumento das velocidades de soldadura, a diluição diminui gradualmente até ao ponto de referência 0,000 e aumenta com 1,000. Isto deve-se ao facto de que, com o aumento da velocidade de soldadura, o peso do metal depositado por unidade de comprimento diminui e a secção transversal do cordão de soldadura diminui, pelo que a diluição diminui primeiro e, após o ponto de referência 0,000, aumenta.

Com o aumento de D de 15 mm para 20 mm, a diluição aumentou gradualmente de 25,00 % para 34,00 %.

Como E aumentou linearmente de -1 para +1, a diluição aumentou de 23,00 % para 25,00 %. Isto deveu-se ao facto de o árgon reduzir o problema dos salpicos e aumentar a penetração.

5.11.8  Efeitos de interação das variáveis de entrada na diluição

A ANOVA 'Tabela 5.8' mostra que AB, AC, AD, BC e DE são os termos de interação significativos no modelo. A figura 5.27 mostra o efeito de interação de A e B na diluição. Com o aumento de A, a diluição aumenta para todos os níveis de B. A taxa de diluição aumenta também com o aumento de A, aumentando gradualmente com o aumento de B. Esta tendência contraditória pode dever-se à razão a seguir descrita:

A figura 5.28 mostra o efeito de interação de A e C na diluição. Com o aumento de A, a diluição diminui para todos os níveis de C. Também se regista uma taxa decrescente de largura com o aumento de A, mas a diluição diminui quando C aumenta gradualmente. Esta tendência contraditória pode dever-se à razão a seguir descrita:

A figura 5.29 mostra o efeito de interação de A e D na diluição. O efeito de interação mostra que, com um valor inferior de D = 16,25 mm, a diluição diminui com o aumento de A. Com um valor superior de D, a diluição diminui à medida que A aumenta de 27,75 V para 29,25 V. Como explicado acima, tanto A como D tiveram um efeito positivo na diluição. Devido ao aumento de A, a taxa de deposição aumentou, mas a penetração diminuiu, pelo que a diluição diminuiu.

A figura 5.30 mostra o efeito de interação de B e C na diluição. O efeito de interação mostra que, com um valor inferior de C = 21,25 cm/min, a diluição diminui com o aumento de B. Com um valor superior de C, a diluição diminui à medida que B aumenta de 7,13 m/min para 8,38 m/min. Como explicado acima, tanto B teve um efeito positivo como C teve um efeito negativo na diluição. Devido ao aumento de B, a taxa de deposição aumentou, mas a diluição diminuiu.

A 'Figura 5.31' mostra o efeito de interação de B e D no reforço. O valor de D variou de 16,25 mm a 18,75, a diluição diminuiu para todos os níveis de D, com D linearmente reduzido. Devido ao aumento da distância entre o bico e a chapa, o arco espalha-se sobre a superfície da chapa e a superfície do metal de soldadura espalha-se sobre a superfície.

A 'Figura 5.32' mostra o efeito de interação de D e E na diluição. Nesta figura, a diluição aumentou com o aumento de D de 17,50 mm para 18,75 mm e o valor de E variou de 21,25 L/min para 23,75 L/min. A diluição aumentou de 23,00 % para 33,00 %. Este facto deve-se ao aumento de D para todos os níveis de E

5.11.9  Efeito das variáveis de entrada na microdureza

Relativamente às variáveis de entrada, verifica-se um aumento linear em C e D e uma redução linear na variação da microdureza em B e E, como se mostra na 'Figura 5.61'. Para B =9,00 m/min a 6,50 m/min, a microdureza diminuiu linearmente. Isto deve-se ao facto de, com a diminuição de B, mas o aumento de A, a entrada de calor aumentar devido ao aumento da corrente do arco. Esta maior entrada de calor levou a uma maior penetração e a uma menor largura, pelo que o valor da microdureza diminuiu.

O aumento gradual da OCV resultou num aumento da tensão do arco e da entrada de calor, o que se deve ao aumento da largura do cordão de soldadura e, consequentemente, ao aumento do valor da microdureza. Com o aumento das velocidades de soldadura, a microdureza aumenta linearmente até ao ponto de referência de 1.000 aumentos. Isto deveu-se ao facto de que com o aumento da velocidade de soldadura, o peso do metal depositado por unidade de comprimento diminuiu e a secção transversal do cordão de soldadura reduziu, pelo que a microdureza aumentou de 52,50 VHN para 52,90 VHN.

Com o aumento de D de 15 mm para 20 mm, a microdureza aumentou linearmente de 52,00 VHN para 52,50 VHN. Isto deveu-se à redução da entrada de calor.

À medida que E aumentou linearmente de -1 para +1, a microdureza diminuiu de 54,00 VHN para 52,00 VHN. Isto deveu-se ao facto de o árgon reduzir o problema dos salpicos e aumentar a penetração.

### 5.11.10   Efeitos de interação das variáveis de entrada na microdureza

A ANOVA 'Tabela 5.10' mostra que AC, AD, AE, BC, BD e DE são termos significativos no modelo. A Figura 5.34 mostra o efeito de interação de A e C na microdureza. Com o aumento de A, a microdureza aumenta para todos os níveis de C. Também se regista uma taxa crescente de largura com um aumento de A, a microdureza aumenta quando C aumenta gradualmente. Esta tendência contraditória pode dever-se à razão a seguir descrita:

A figura 5.35 mostra o efeito de interação de A e D na microdureza. A figura mostra claramente que, com a diminuição do OCV de 27,75 V para 29,25 V, há uma diminuição da microdureza para todos os valores de D, mas a taxa de diminuição da microdureza aumenta com D. Isto deve-se ao facto de A ter um efeito positivo na microdureza e a distância entre o bico e a placa ter um efeito negativo. O valor de D variou de 16,25 mm a 18,75 mm. O valor da microdureza diminuiu com o aumento de A, o que se deve ao aumento da distância entre o bocal e a placa. Uma maior distância entre as placas e o bocal significa uma menor quantidade de calor introduzido no metal de base e reduz a microdureza. A figura 5.36 mostra o efeito de interação de A e E na microdureza. A figura mostra claramente que, com o aumento do OCV de 27,75 V para 29,25 V, há um aumento da microdureza para todos os valores de E, mas a taxa de diminuição da microdureza aumenta com o aumento de E. O valor de E variou de 21,25 L/min a 23,75 L/min. O valor da microdureza aumentou com o aumento de A. A 'Figura 5.37' mostra o efeito de interação de B e C na microdureza. O efeito de interação mostra que, com um valor mais baixo de C = 21,25 cm/min, a microdureza diminui com o aumento de B. Com um valor mais elevado de C, a microdureza diminui à medida que B aumenta de 7,13 m/min para 8,38 m/min. Como explicado acima, tanto B teve um efeito negativo como C teve um efeito positivo na microdureza. Devido ao aumento de B, a taxa de deposição aumentou, mas a microdureza diminuiu, o que levou à redução da microdureza.

A 'Figura 5.38' mostra o efeito de interação de B e D na microdureza. Nesta figura, a microdureza aumentou com o aumento de B de 7,13m/min para 8,38m/min, o valor de D variou de 166,25 mm para 18,75 mm. A microdureza aumentou de 51,00 VHN para 54,00 VHN, o que se deve ao aumento de B para todos os níveis de E.

A "Figura 5.39" mostra o efeito de interação de D e E na microdureza. O efeito de interação mostra que, com um valor mais baixo de E = 21,25 L/min, a microdureza aumenta gradualmente até 23,75 L/min, mesmo com o aumento regular de D. Com um valor mais elevado de E = 23,75 cm/min, a microdureza aumenta à medida que D aumenta de 16,25 mm para 18,75. Como explicado acima.

### 5.11.11   Efeito das variáveis de entrada na % do teor de crómio na soldadura

Para as variáveis de entrada, verifica-se um aumento linear em A, D e E e uma diminuição linear em B e C da variação do crómio, como se mostra na "Figura 5.74". Para B =9,00 m/min a 6,50 m/min, o crómio diminuiu linearmente. Isto deve-se ao facto de, com a diminuição de B, a entrada de calor diminuir devido à diminuição da corrente do arco. Esta menor entrada de calor conduziu a uma menor penetração e a uma menor largura, o que se deve ao facto de o crómio se dissolver menos no metal de solda, pelo que o valor do crómio diminuiu. O aumento linear do OCV resultou num aumento da tensão do arco e da entrada de calor, o que se deve ao aumento da largura do cordão de soldadura e, por conseguinte, ao aumento do valor do crómio. Isto deve-se ao facto de o crómio se dissolver do metal de base fundido.

Com o aumento das velocidades de soldadura de 20 cm/min para 25 cm/min, o crómio diminui linearmente. Isto deveu-se ao facto de, com o aumento da velocidade de soldadura, o peso do metal depositado por unidade de comprimento ter diminuído, a secção transversal do cordão de soldadura ter diminuído e a entrada de calor ter diminuído no metal de base, pelo que o crómio diminuiu de 0,8 % para 0,2 %.

Com o aumento de D de 15 mm para 20 mm, o crómio aumentou linearmente de 0,2 % para 0,7 %. Isto deveu-se à redução da entrada de calor no metal de base.

À medida que E aumentou linearmente de -1 para +1, o crómio aumentou de 0,1 % para 0,5 %. Isto deveu-se ao facto de o árgon reduzir o problema dos salpicos e aumentar a penetração. Quando a penetração aumentou com uma entrada de calor elevada.

5.11.12 Efeitos de interação das variáveis de entrada na % do teor de crómio no teor de solda

A ANOVA 'Tabela 5.12' mostra que AB, AC, AD, AE, BC, BD, BE, CD, CE e DE são termos significativos no modelo. A 'Figura 5.41' mostra o efeito de interação de A e B na % de teor de crómio na soldadura. O efeito de interação mostra que o valor de B =7,13 m/min a 8,13m/min, o aumento regular do crómio. Com um valor mais elevado de A=29,25V, o crómio aumenta, à medida que B diminui de 7,13 m/min para 8,38 m/min. Como se explica, A e B tiveram ambos um efeito positivo na percentagem de crómio na soldadura.

A 'Figura 5.42' mostra o efeito de interação de A e C na % de teor de crómio na soldadura. O efeito de interação mostra que o valor de C =21,25 cm/min a 23,75 cm/min, o aumento regular do crómio. Com um valor mais elevado de A=29,25V, o crómio aumenta, à medida que C diminui de 21,2 5 cm/min para 23,75 cm/min. Como se explica, A e C tiveram ambos um efeito positivo na % de teor de crómio na soldadura.

A Figura 5.43 mostra o efeito de interação de A e D na % de teor de crómio na soldadura. A figura mostra claramente que o crómio diminui com o aumento de A e D, variando de 16,25 mm a 18,75 mm. No entanto, a A = 27,75 V a taxa de dissolução do crómio diminui no metal de solda. A figura 5.44 mostra o efeito de interação entre A e a percentagem de crómio na soldadura. A figura mostra claramente que o crómio diminuiu com o aumento de A e E variou de 21,25 L/min a 23,75 L/min. No entanto, a A =27,75 V a taxa de dissolução do crómio diminui no metal de solda.

A 'Figura 5.45' mostra o efeito de interação de B e C na % do teor de crómio na soldadura. Nesta figura, o crómio diminuiu com o aumento de B de 7,13 m/min para 8,38 m/min e o valor de C variou de 21,25 cm/min para 23,75 cm/min. O crómio diminuiu de 0,11 % para 0,05 %, o que se deve ao aumento do OCV para todos os níveis de C.

A 'Figura 5.46' mostra o efeito de interação de B e D na % do teor de crómio na soldadura. Nesta figura, o crómio aumentou com o aumento de B de 7,13m/min para 8,38m/min, o valor de D variou de 16,25 mm para 18,75 mm. O crómio aumentou de 0,01% para 0,02%, o que se deve ao aumento de B para todos os níveis de E.

A 'Figura 5.47' mostra o efeito de interação de B e E na % do teor de crómio na soldadura. Nesta figura, o crómio é quase constante com o aumento de B de 7,13m/min para 8,38m/min, o valor de E variou de 21,25 L/min para 23,75L/min. O crómio aumentou de 0,01% para 0,025%, o que é insignificante, devido ao aumento de B para todos os níveis de E.

A 'Figura 5.48' mostra o efeito de interação de C e D na % do teor de crómio na soldadura. Nesta figura, o crómio aumentou com o aumento de C de 21,25 cm/min para 23,75 cm/min, o que se deve à redução da distância entre o bocal e a chapa. O valor de D variou de 16,25 mm a 18,75 mm. O crómio aumentou de 0,03 % para 0,05 %. Isto deve-se à diminuição de C e à redução de D.

A 'Figura 5.49' mostra o efeito de interação de C e E na % do teor de crómio na soldadura. Nesta figura, o crómio aumenta com o aumento de C de 21,25 cm/min para 23,75 cm/min, o valor de E diminui de 23,75 L/min para 21,25 L/min. O crómio aumentou de 0,01% para 0,025%, o que é insignificante, devido ao aumento de C para a diminuição de E.

A 'Figura 5.50' mostra o efeito de interação de D e E na % de teor de crómio na soldadura. A figura mostra claramente que o crómio diminuiu com o aumento de D e E variou de 21,25 L/min a 23,75 L/min. No entanto, a D = 16,25 mm, a taxa de dissolução do crómio diminui no metal de solda.

### 5.11.11 Efeito das variáveis de entrada na % de teor de níquel na soldadura

Relativamente às variáveis de entrada, verifica-se um aumento linear em D e E, uma diminuição linear em B e C e uma diminuição gradual em A, variação do níquel, como se mostra na 'Figura 5.51'. Para A =27,50 V a 29,75 V, o níquel diminuiu linearmente no metal de solda. Isto deve-se ao facto de, com o aumento de A, a entrada de calor aumentar devido à diminuição da corrente do arco. Esta menor entrada de calor conduziu a uma menor penetração e a uma menor largura, isto porque o níquel se dissolve menos no metal de solda, pelo que o valor do níquel diminuiu.

O aumento linear do OCV resultou num aumento da tensão do arco e da entrada de calor, o que aumentou a largura do cordão de soldadura e, consequentemente, o valor do níquel diminuiu. Isto deve-se ao facto de o níquel se dissolver do metal de base fundido.

Com o aumento da velocidade de soldadura de 20cm/min para 25cm/min, o níquel diminui linearmente. Isto deveu-se ao facto de, com o aumento da velocidade de soldadura, o peso do metal depositado por unidade de comprimento ter diminuído, a secção transversal do cordão de soldadura ter diminuído e a entrada de calor ter diminuído no metal de base, pelo que o níquel diminuiu de 0,02% para 0,0159%.

Com o aumento de D de 15 mm para 20 mm, o níquel aumentou linearmente de 0,02% para 0,021%. Isto deveu-se à redução da entrada de calor no metal de base.

À medida que E aumentou linearmente de -1 para +1, o níquel aumentou de 0,02% para 0,0211%. Isto deveu-se ao facto de o árgon reduzir o problema dos salpicos e aumentar a penetração. Quando a penetração aumentou com uma entrada de calor elevada.

### 5.11.14 Efeitos de interação das variáveis de entrada na % de teor de níquel na soldadura

A Figura 5.52 mostra o efeito de interação de A e B na % de teor de níquel na soldadura. O efeito de interação mostra que, com um valor mais baixo de B = 7,13 m/min, o níquel aumenta gradualmente, e 8,38 m/min diminui mesmo com o aumento gradual de A. Como explicado acima, A e B tiveram um efeito positivo na % do teor de níquel na soldadura.

A Figura 5.53 mostra o efeito de interação de A e C na % de teor de níquel na soldadura. A figura mostra claramente que, com o aumento do OCV de 27,75 V para 28,35 V, há um aumento do níquel com o aumento de C. Mas a taxa de diminuição do níquel com o aumento de A. Isto deve-se ao facto de A ter um efeito positivo na % de teor de níquel na soldadura e a taxa de velocidade de soldadura ter também um efeito positivo. O valor de C variou de 21,25 cm/min a 23,75 cm/min. O valor do níquel diminuiu com o aumento de A.

A 'Figura 5.54' mostra o efeito de interação de A e D na % do teor de níquel na soldadura. Nesta figura, o níquel aumentou com o aumento de 0,018 % para 0,019 % e diminuiu de 0,019 % para 0,017 %, o que se deve ao facto de A ter aumentado de 27,75V para 29,25V. O valor de D variou de 16.25mm para 18,75 mm. O níquel começou por aumentar e depois diminuiu. Este facto deve-se ao aumento de A.

A 'Figura 5.55' mostra o efeito de interação de A e E na % de teor de níquel na soldadura. O efeito de interação mostra que, com um valor inferior de A =27,75 V a 29,25 V, a dissolução de níquel aumenta gradualmente no metal de solda para o valor de E 21,25 L/min a 23,75 L/min. Como explicado acima, A e E tiveram um efeito positivo na % do teor de níquel na soldadura.

A 'Figura 5.56' mostra o efeito de interação de B e C na % do teor de níquel na soldadura. O efeito de interação mostra que, a um valor inferior de C = 21,25 cm/min a 23,075 cm/min, o níquel diminui linearmente e aumenta linearmente com o aumento de B de 7,13 m/min para 8,38. Como explicado acima, B e E tiveram um efeito positivo na % de teor de níquel na soldadura.

A 'Figura 5.57' mostra o efeito de interação de B e D na % do teor de níquel na soldadura. Nesta figura, o níquel aumentou com o aumento de B de 7,13 m/min para 8,38 m/min, o valor de D variou de 16,25 mm para 18,75 mm. O crómio aumentou de 0,0175 % para 0,021 %, o que se deve ao aumento de B para todos os níveis de D.

A 'Figura 5.58' mostra o efeito de interação de B e E na % do teor de níquel na soldadura. O efeito de interação mostra que, com um valor inferior de B = 7,13 m/min a 8,38 m/min, a dissolução de níquel aumenta linearmente no metal de solda para o valor de E 21,25 L/min a 23,75 L/min. Como explicado acima, B e E tiveram um efeito positivo na % do teor de níquel na soldadura.

A 'Figura 5.59' mostra o efeito de interação de C e D na % do teor de níquel na soldadura. Esta figura mostra que o níquel diminui gradualmente com o aumento de D e diminui gradualmente com o aumento da velocidade de soldadura. D variou de 21,25 mm a 23,75 mm. Isto deve-se ao facto de a taxa de deposição diminuir com o aumento da velocidade de soldadura.

A 'Figura 5.60' mostra o efeito de interação de C e E na % de teor de níquel na soldadura. Esta figura mostra que o níquel aumentou gradualmente com o aumento de E e diminuiu gradualmente com o aumento da velocidade de soldadura. E variou de 21,25 cm/min a 23,75 cm/min. Isto deve-se ao facto de a taxa de deposição diminuir com o aumento da velocidade de soldadura e a entrada de calor aumentar com o aumento de E.

A Figura 5.61 mostra o efeito de interação de D e E na % de teor de níquel na soldadura. A figura mostra claramente que o níquel diminuiu com o aumento de D e E variou de 21,25 L/min a 23,75 L/min.

5.11.15   Efeito das variáveis de entrada na % do teor de manganês na soldadura

Relativamente às variáveis de entrada, verifica-se um aumento linear em A e E, enquanto B e D aumentam gradualmente. C diminuiu linearmente a variação do manganês, como se mostra na 'Figura 5.62'. Para A =27,50 V a 29,75 V, o manganês aumentou linearmente no metal de solda. Isto deve-se ao facto de, com o aumento de A, a entrada de calor aumentar. Esta menor entrada de calor conduziu a uma menor penetração e a uma maior largura, isto porque 0,04 % a 0,051 % de manganês dissolve-se no metal de solda, pelo que o valor do manganês diminuiu.

O aumento gradual de B resultou no aumento da corrente e da entrada de calor, o que aumentou a dissolução do manganês no metal de solda, porque o manganês se dissolve do metal de base fundido.

Com o aumento das velocidades de soldadura de 20 cm/min para 25 cm/min, o manganês diminui linearmente. Isto deveu-se ao facto de, com o aumento da velocidade de soldadura, o peso do metal depositado por unidade de comprimento ter diminuído, a secção transversal do cordão de soldadura ter sido reduzida e a entrada de calor ter diminuído no metal de base, pelo que o manganês diminuiu de 0,061 % para 0,049 %.

Com o aumento de D de 15 mm para 20 mm, o manganês aumentou gradualmente de 0,06% para 0,062%. Isto deveu-se à redução da entrada de calor no metal de base.

Como E aumentou linearmente de -1 para +1, o manganês aumentou de 0,06% para 0,061%. Isto deveu-se ao facto de o árgon reduzir o problema dos salpicos e aumentar a penetração. Quando a penetração aumentou com uma entrada de calor elevada.

5.11.16   Efeitos de interação das variáveis de entrada na % do teor de manganês na soldadura

A 'Figura 5.63' mostra o efeito de interação de A e B na % de teor de manganês na soldadura. Nesta figura, o manganês aumenta linearmente com o aumento de A de 27,75 mm para 29,25 mm, o valor de B variou de 7,13m/min para 8,38m/min. O manganês aumentou de 0,042 % para 0,062 %, o que se deve ao aumento de A para todos os níveis de B.

A 'Figura 5.64' mostra o efeito de interação de A e E na % do teor de manganês na soldadura. O efeito de interação mostra que no valor de A =27,75 mm a 29,25 mm, a dissolução de manganês aumenta linearmente no metal de solda para o valor de B =7,13 m/min a 8,38 m/min. Como explicado acima, A e B tiveram um efeito positivo na % do teor de manganês na soldadura.

A 'Figura 5.65' mostra o efeito de interação de B e D na % do teor de manganês na soldadura. Nesta figura, o manganês aumenta gradualmente com o aumento de B de 7,13 m/min para 8,38 m/min, o valor de D reduziu de 18,75 mm para 16,25 mm. O manganês aumentou de 0,045 % para 0,065 %, o que se deve ao aumento de B para a diminuição de D.

A 'Figura 5.66' mostra o efeito de interação de B e E na % do teor de manganês na soldadura. Nesta figura, o manganês aumenta com o aumento de E de 21,25 L/min para 23,75 L/min. O manganês aumentou de 0,048 % para 0,06 %, o que se deve ao aumento de B para o aumento de E.

A 'Figura 5.67' mostra o efeito de interação de C e D na % do teor de manganês na soldadura. O efeito de interação mostra que no valor de C = 21,25 cm/min a 23,75 cm/min, a dissolução de manganês aumenta no metal de solda para o valor de D = 16,25 mm a 18,75 mm. Como explicado acima, C e D tiveram um efeito positivo na % do teor de manganês na soldadura.

A 'Figura 5.68' mostra o efeito de interação de C e E na % do teor de manganês na soldadura. O efeito de interação mostra que no valor de C =21,25 cm/min a 23,75 cm/min, a dissolução de manganês aumenta no metal de solda para o valor de E =23,75 L/min a 21,25 L/min. Como explicado acima, C e E tiveram um efeito positivo na % do teor de manganês na soldadura.

A "Figura 5.69" mostra o efeito de interação de D e E na % de teor de manganês na soldadura. O efeito de interação mostra que, com um valor inferior de E = 21,25 L/min, o manganês diminui com o aumento de D. Com um valor superior de E, o manganês aumenta à medida que D aumenta de 16,25 mm para 18,75 mm. Como explicado acima, tanto D como E tiveram um efeito positivo na % do teor de manganês na dissolução da soldadura. Devido ao aumento de D, o arco espalha-se por uma área maior e a largura do metal de solda aumenta, o que faz com que a dissolução do manganês aumente.

5.11.17  Efeito das variáveis de entrada na % do teor de magnésio na soldadura

Relativamente às variáveis de entrada, verifica-se um aumento gradual em B, D e E e uma diminuição gradual em A e C da variação do magnésio, como se mostra na "Figura 5.70". Para B = 6,50 m/min a 9,00 m/min, o magnésio aumentou gradualmente de 1,8 % para 2,1 %. Isto deve-se ao facto de, com o aumento de B, a entrada de calor aumentar devido ao aumento da corrente do arco. Este maior aporte de calor levou a uma maior penetração e largura, logo, a um valor mais elevado de magnésio.

A diminuição do OCV resultou numa diminuição da tensão do arco e da entrada de calor, o que se deve à diminuição da profundidade de penetração e, consequentemente, do magnésio.

Com o aumento da velocidade de soldadura até ao ponto de referência 0.000, o magnésio diminui gradualmente até ao ponto de referência 1.000. Isto deveu-se ao facto de que, com o aumento da velocidade de soldadura, o peso do metal depositado por unidade de comprimento diminuiu e a secção transversal do cordão de soldadura reduziu-se, pelo que o magnésio diminuiu primeiro e depois do ponto de referência 0,000 aumentou, porque a velocidade diminuiu.

Com a diminuição de D de 15 mm para o ponto de referência 0,000 e o magnésio aumentou gradualmente de 25,00 % para 34,00 % com D=20 mm. Isto deve-se ao facto de a área do arco ser controlada por D.

Com o aumento gradual de E de -1 para +1, o magnésio aumentou de 1,70% para 1,90%. Isto deveu-se ao facto de o árgon reduzir o problema dos salpicos e aumentar a penetração.

### 5.11.18 Efeitos de interação das variáveis de entrada na % do teor de magnésio na soldadura

Como mencionado na ANOVA 'Tabela 5.2' AB, AE, BD, BE, CD, CE, e DE são os termos significativos que interagem para afetar o Magnésio. A 'Figura 5.71' mostra o efeito de interação de A e B na % do teor de magnésio na solda. Com o aumento de A, a dissolução de magnésio manteve-se constante para todos os níveis de B. Esta tendência contraditória pode ser possível devido à razão discutida abaixo:

A 'Figura 5.72' mostra o efeito de interação de A e C na % do teor de magnésio na soldadura. O efeito de interação mostra que no valor de A =27,75 V a 29,25 V, a dissolução de magnésio aumenta no metal de solda para o valor de C =23,75 cm/min a 21,25 cm/min. Como explicado acima, A e C tiveram um efeito positivo na % do teor de magnésio na soldadura.

A figura 5.74 mostra o efeito de interação de B e D na percentagem de magnésio na soldadura. A figura mostra claramente que, com o aumento de B de 7,13 m/min para 8,38 m/min, há um aumento da dissolução do magnésio com o aumento de D. Mas a taxa de aumento do magnésio com o aumento de A. Isto porque A teve um efeito positivo na % do teor de magnésio na soldadura e D também teve um efeito positivo. O valor de D variou de 16,25 mm a 18,75 mm. O valor do magnésio aumentou com o aumento de A.

A 'Figura 5.75' mostra o efeito de interação de B e E na % do teor de magnésio na solda. Com o aumento de A, a dissolução do magnésio aumentou para todos os níveis de B. Como já foi discutido, A e B tiveram um efeito positivo na % do teor de magnésio na soldadura.

A 'Figura 5.76' mostra o efeito de interação de C e E na % do teor de magnésio na soldadura. Esta figura mostra que o magnésio diminuiu gradualmente com o aumento de E. E variou de 21,25 L/min a 23,75 L/min. Isto deve-se ao facto de a taxa de deposição aumentar com o aumento de E porque a entrada de calor aumenta com o aumento de E.

A 'Figura 5.77' mostra o efeito de interação de D e E na % do teor de magnésio na solda. Com o aumento de D, a dissolução de magnésio diminuiu até 17,50 mm. D e E tiveram um efeito positivo na % do teor de magnésio na soldadura.

### 5.11.19 Efeito das variáveis de entrada na % de teor de cobre na soldadura

Relativamente às variáveis de entrada, verifica-se um aumento gradual em B, D e E, e uma variação linear em A e C do cobre, como se mostra na 'Figura 5.78'. Para B = 6,50 m/min a 9,00 m/min, o cobre diminui gradualmente no metal de solda. Isto deve-se ao facto de, com o aumento de B, a entrada de calor aumentar devido ao aumento da corrente do arco. Esta entrada de calor conduziu à penetração e à largura e, por conseguinte, ao valor do cobre.

O aumento linear do OCV resultou num aumento da tensão do arco e da entrada de calor, o que se deve ao aumento da profundidade de penetração e, consequentemente, ao aumento da dissolução do cobre.

Com o aumento da velocidade de soldadura, a dissolução do cobre aumenta linearmente. Isto deve-se ao facto de que, com o aumento da velocidade de soldadura, todas as variáveis aumentam, o que se deve ao facto de o peso do metal depositado por unidade de comprimento aumentar e a secção transversal do cordão de soldadura aumentar, aumentando assim o cobre no metal de soldadura.

Com o aumento de D de 15 mm para 20 mm, o cobre começou por diminuir gradualmente até ao ponto de referência 0,000 e, depois disso, aumentou gradualmente de 0,048 % para 0,049 %. Isto deve-se ao facto de, com o aumento da entrada de calor.

Com o aumento gradual de E de -1 para +1, o cobre aumentou de 0,045% para 0,049%. Isto deveu-se ao facto de o árgon reduzir o problema dos salpicos e aumentar a penetração.

### 5.11.20 Efeitos de interação das variáveis de entrada na % de teor de cobre na soldadura

A "Figura 5.79" mostra o efeito de interação de A e B na % do teor de cobre na soldadura. O efeito de interação mostra que o valor de D = 16,25 mm a 18,75 mm, o aumento regular do cobre. Com um valor mais elevado de A= 29,25 V, o crómio aumenta de 0,047 % para 0,055 %, à medida que D aumenta de 16,25 mm para 18,75 mm. Como explicado, A e D tiveram ambos um efeito positivo na percentagem de teor de cobre na soldadura.

A 'Figura 5.80' mostra o efeito de interação de B e D na % do teor de cobre na soldadura. Esta figura mostra que o cobre diminui gradualmente com o aumento de D e diminui gradualmente com o aumento da velocidade de soldadura. D variou de 16,25 mm a 18,75 mm. Isto deve-se ao facto de a taxa de deposição diminuir com o aumento da velocidade de soldadura.

A 'Figura 5.81' mostra o efeito de interação de C e D na % do teor de cobre na soldadura. Nesta figura, o cobre diminuiu com o aumento de C de 21,25 cm/min para 23,75 cm/min, o valor de D variou de 16,25 mm para 18,75 mm. O cobre diminuiu de 0,06 % para 0,045 %, o que se deve ao aumento de C para todos os níveis de D.

A 'Figura 5.82' mostra o efeito de interação de C e E na % do teor de cobre na soldadura. A figura mostra claramente que o cobre diminuiu com o aumento de C e E, E variou de 21,25 l/min a 23,75 L/min. Este efeito é mostrado pela superfície de resposta na 'Figura 5.155', esta figura mostra um efeito igual de C e E na % do teor de cobre na soldadura.

A 'Figura 5.83' mostra o efeito de interação de D e E na % do teor de cobre na soldadura. A figura mostra claramente que o cobre diminuiu gradualmente de 0,055 % para 0,045 % e depois permaneceu constante com o aumento de D e E, E variou de 21 a 25 l/min para 23,75 l/min.

# CAPÍTULO 6

## Conclusão

### 6.1 Conclusão

Foram estudados os efeitos dos parâmetros de soldadura durante a deposição de cordões de soldadura na chapa, utilizando o processo GMAW, e as seguintes conclusões podem ser tiradas desta análise.

1. Foi utilizada uma matriz de design fatorial de cinco níveis e cinco factores com base na técnica de design rotativo composto central para desenvolver os modelos matemáticos para prever a geometria do cordão de soldadura para AA-6063 utilizando GMAW e foram propostos parâmetros óptimos para a soldadura.

2. A largura do cordão de soldadura aumentou com o aumento da taxa de alimentação do fio, da tensão de circuito aberto e da distância entre o bocal e a placa e diminuiu com a velocidade de soldadura e também aumentou com a taxa de fluxo de gás.

3. A profundidade de penetração aumentou com o aumento da taxa de alimentação do fio, do bocal para a placa, do OCV, mas diminuiu a velocidade de soldadura e o fluxo de gás.

4. O reforço aumentou com o aumento da taxa de alimentação do fio até B = 9m/min e E efetivo, mas depois disso o reforço diminuiu e ocorreu a flacidez.

5. A diluição aumenta com o aumento da taxa de alimentação do fio, da tensão do circuito aberto e da velocidade de soldadura, mas diminui com o aumento da distância entre o bico e a chapa. A diluição aumenta para todos os valores de tensão de circuito aberto, mas a taxa de aumento aumenta com a diminuição da distância entre o bocal e a chapa. A diluição aumenta com a taxa de fluxo de gás de árgon puro.

6. A microdureza aumenta com a OCV, a velocidade de soldadura e a distância entre o bocal e a placa. A microdureza diminui com a taxa de alimentação do fio e o caudal de gás.

7. A alteração da composição química na soldadura devido ao calor intenso da soldadura e à diluição do metal de base e do fio de enchimento afecta significativamente as propriedades mecânicas como a microdureza, que pode ser controlada através da otimização dos parâmetros operacionais do processo de soldadura. Foram propostas as condições óptimas para uma perda mínima de elementos de liga

### 6.2 Âmbito do trabalho futuro

1. O estudo pode ser alargado para otimizar as respostas como a largura do cordão de soldadura, a penetração, o reforço, a diluição, a microdureza e a composição química.

2. O estudo pode ser alargado à alteração da composição química da ZTA, devido à qual a percentagem de dissolução aumentou ou diminuiu.

# Referências


[1]Larry F. Jeffus "Welding: Princípios e Aplicações", Quinta Edição. Thomsan Learning Institutes, América, (2002)

[2]Md. Ibrahim Khan "Welding Science and Technology", New Age International (P) Limited Publishers, Delhi, ISBN 13: 978-81-224-2621-5, (2007)

[3]Gene Mathers "The welding of aluminum and it alloys", CRC Press Washington, Wood Head Publishing Limited Cambridge England, (2002)

[4]Regis Blondeau "Metallurgy and Mechanics of Welding", John Wiley and Sons, ISTE Ltd. 27-37, St. George Road London SW19 4EU, UK, (2008)

[5]Joseph R. Davis "Aluminum and Aluminum Alloys" ASM international USA, (2007)

[6]www.azom.com

[7]"Liga de alumínio extrudido 6063", Sapa Extrusions North America

[8]R.S. Parmar "Welding process and technology", Khanna Publishers New Delhi, (2012)

[9]Guia de soldadura GMAW da Linclon Electric (guia do utilizador para o modelo Power wave 355/405, código de máquina 10895 e 10896)

[10] Neeraj Sharma, Dr. Sorabh Gupta, Pardeep Sharma "Modelação da rugosidade da superfície utilizando a metodologia de superfície de resposta para o Al-6063" Revista Internacional de Práticas Contemporâneas, ISSN : 2231-5608, Volume 2, Número 3

[11] Reeta Wattal, Dr. Sunil Pandey "Efeito dos parâmetros de soldadura nas transformações metalúrgicas da liga de alumínio 7005" ASME Early Career Technical Journal Volume 10, Páginas 105-112, (2011)

[12] Oladele Isiaka Oluwole, Omotoyinbo Joseph Ajibade "Efeito da corrente e tensão de soldagem nas propriedades mecânicas da liga de alumínio forjado (6063)" Mat. Res. São Carlos Apr, Volume 13, No.2, (2010)

[13] R.K. Inspection and Testing Lab, Mayapuri, Deli

[14] G.Elatharasana,V.S. Senthil Kumarb "Uma análise experimental e otimização do parâmetro de processo na soldadura por fricção da liga de alumínio AA 6061-T6 utilizando RSM" Procedia Engineering, Volume 64, Páginas 1227-1234, (2013)

[15] Norasiah Muhammad e Yupiter H.P. Manurung "Seleção de parâmetros de projeto e otimização do desenvolvimento da zona de soldadura na soldadura por pontos de resistência" Academia Mundial de Ciência, Engenharia e Tecnologia Volume 6, (2012)

[ 16] Sudhakaran R, VeL Murugan V, Senthil Kumar K. M, Jayaram R, Pushparaj A,Praveen C, Venkat Prabhu N "Effect of Welding Process Parameters on Weld Bead Geometry and Optimization of Process Parameters to Maximize Depth to Width Ratio for Stainless Steel Gas Tungsten Arc Welded Plates Using Genetic Algorithm" European Journal of Scientific Research, ISSN : 1450-216X, Volume 62, No.1, Páginas 76-94, (2011)

[17] Mohd. Ebrahimnia, Massoud Goodarzi, Meisam Nouri, Mohsen Sheikhi "Estudo do efeito da composição do gás de proteção nas propriedades mecânicas de soldadura do aço ST 37-2 na soldadura

por arco de metal a gás" Materials and Design, Volume 30, Páginas 3891-3895, (2009)

[18] Sushanta Kumar Panigrahi, R. Jayaganthan, Vivek Pancholi "Effect of plastic deformation conditions on microstructural characteristics and mechanical properties of Al 6063 alloy" Materials and Design, Volume 30, Pages 1894-1901, (2009)

[19] E. J. Soderstrom e P. F. Mendez "Metal Transfer during GMAW with Thin Electrodes and Ar-CO2 Shielding Gas Mixtures" AWS Journal, Voume 87, (2008)

[20] P. Praveen, M.J. Kang, P.K.D.V. Yarlagadda "Drop transfer mode prediction in pulse GMAW of aluminum using statistical model" Journal of materials processing technology, Volume 2 0 1, Pages 502-506, (2008)

[21] M.St. Weglowski, Y. Huang, Y.M. Zhang "Relationship between wire feed speed and metal transfer in GMAW" Jounral of Achievements in Materials and Manufacturing Engineering, Volume 29, Issue 2, Pages 191-194, (2008)

[22] Pires-I, L. Quintino, R.M. Miranda "Analysis of the influence of shielding gas mixtures on the gas metal arc welding metal transfer modes and fume formation rate" Materials and Design, Volume 28, Pages 1623-1631, (2007)

[23] Danut lordachescu, Luisa Quintino, Rosa Miranda, Gervasio Pimenta "Influência dos gases de proteção e dos parâmetros do processo na transferência de metal e na forma do cordão em juntas soldadas MIG de chapas finas de aço revestidas a zinco" Materials and Design, Volume 27, Páginas 381390, (2006)

[24] Ahmet Durgutlu "Experimental investigation of the effect of hydrogen in argon as a shielding gas on TIG welding of austenitic stainless steel" Materials and Design, Volume 25, Pages 19-23, (2004)

[25] Yutaka S. Sato, Mitsunori Urata, e Hiroyuki Kokawa "Parâmetros que controlam a microestrutura e a dureza durante a soldadura por fricção e agitação da liga de alumínio 6063 endurecível por precipitação" Metallurgical And Materials Transactions A, Volume 33 A, Páginas 625-635, (2002)

[26] MT. Liao, W.J. Chen "The effect of shielding-gas compositions on the microstructure and mechanical properties of stainless steel weldment" Materials Chemistry and Physics, Volume 55, Pages 145-151, (1998)

[27] Daniel Vincent, John Mc Cardle, Raymond Stroud "Classification of Metal Transfer Mode Using Neural Networks" IEEE, Pages 522-525, (1995)

[28] J.F. Lancaster "Metallurgy of welding", Six Edition Abington Publishing wood Head Publishing Ltd. Abington Hall, Cambridge Inglaterra, (1999)

[29] Sindo Kou "Welding metallurgy", John Wiley and Sons, Impresso nos Estados Unidos da América, (2002)

[30] Douglas C. Montgomery "Design and analysis of Experiments", John Wiley and sons, Printed in the United States of America, (2001)

Printed by Books on Demand GmbH, Norderstedt / Germany